中国国家地理·自然教育
CHINESE NATIONAL GEOGRAPHY NATURE EDUCATION

中国国家地理的自然课

课本里的神奇动物

中国国家地理自然教育中心 / 编著

独见工作室 / 绘

中信出版集团 | 北京

图书在版编目（CIP）数据

课本里的神奇动物 / 中国国家地理自然教育中心编
著；独见工作室绘 . -- 北京：中信出版社，2023.9
（中国国家地理的自然课）
ISBN 978-7-5217-5753-8

Ⅰ . ①课… Ⅱ . ①中… ②独… Ⅲ . ①动物－少儿读
物 Ⅳ . ① Q95-49

中国国家版本馆 CIP 数据核字 (2023) 第 091776 号

课本里的神奇动物
（中国国家地理的自然课）

编 著 者：中国国家地理自然教育中心
绘　　者：独见工作室
出版发行：中信出版集团股份有限公司
　　　　　（北京市朝阳区东三环北路27号嘉铭中心　邮编　100020）
承 印 者：宝蕾元仁浩（天津）印刷有限公司

开　　本：720mm×970mm　1/16　　　　印　张：11.5　　字　数：300千字
版　　次：2023年9月第1版　　　　　　印　次：2023年9月第1次印刷
书　　号：ISBN 978-7-5217-5753-8
定　　价：49.80元

出　　品：中信儿童书店
图书策划：好奇岛
策划制作：中国国家地理自然教育中心
特约主编：宋静茹
执行主编：罗心宇
文字作者：罗心宇　王思一　密林　关希源　赵嬑盛　张天迎　祝蕴凡　岑小可
特约编辑：王思一　赫志洁　黄一鑫
插图绘制：赵参　梁译丹　许音音　梁明
封面绘制：丁立侬
装帧设计：谢佳静　杨兴艳　梁明
策划编辑：鲍芳　明立庆
责任编辑：程凤
科学审校：三蝶纪
营　　销：中信童书营销中心

服务热线：400-600-8099
投稿邮箱：author@citicpub.com

序言

中国国家地理大家庭的每一位成员，都经常会思考这样一个问题——要如何把科学传播给每一个人。曾经，我们的目标读者是对地理学感兴趣的中产人群，而中国国家地理历经二十余年的发展，成为中国最受欢迎的科学传媒之一，这个任务的内涵已经扩大了许多。无论是古稀之年的老人，还是牙牙学语的孩童，都需要去了解科学，爱上科学，掌握科学。同时，科学传播始终有两个难点：如何选出读者感兴趣的话题，怎样说出读者听得懂的话语。当我们着眼于带着孩子们认识大千世界的基本规律时，如何讲好科学故事就显得尤为重要了。

为了给孩子讲好科学故事，中国国家地理自然教育中心进行了一次让人眼前一亮的尝试，大胆地选择了孩子们的小学语文课本作为灵感的来源。语文课本可以说是一套包罗万象的读物，在编辑部，我们不无夸张地称它是"一成语文，九成通识"。承载在美丽的汉语文身上的，是历史、文化、家国情怀，是经济、劳动和道德品质。除此之外，我们发现，贯穿于整个小学六个年级语文中的一条重要知识线，就是博物学的天地万物。通过六年的学习，孩子们不仅掌握了汉语的听说读写，更是建立了对世界的基本认知，这种认知将在不知不觉中影响终身。相信即使是已为人父母的大人，也能清晰地记起小壁虎的尾巴如何失而复得，"猹"如何敏捷地避开闰土的钢叉，并至今对那故事背后的科学知识充满了好奇。

这就是我们的出发点。我们仔细地通读了小学语文课本，从中找到了各种各样的与自然万物相关的话题点：宇宙、地球、四季、气候、山川、湖泊、动物、植物、生命、演化……当我们将这些散碎的拼图拼接起来，赫然看到了一幅关于天地万物运行之理的壮阔画卷。从地球的位置和条件，到环境的形成和特点，再到生命的生存和演化，都包含在画卷当中，这与我们一直以来的带给小读者们大格局的科学故事的想法不谋而合。于是，我们按照"地球和环境如何形成，动物与植物如何生存"的思路搭建了全书的框架，又对各个话题点进行了提炼、辨析、深化和扩展，终于借课本之力，为小读者们呈现出了一个妙趣横生的生命星球。

"中国国家地理的自然课"是我们送给孩子的一份礼物。希望读过它之后，孩子们会对语文课堂多一些兴趣，对自然科学多一点了解，对这个世界多一份探究。打开书本时，可以把书读厚；合上书本后，能够把路走远。

《中国国家地理》杂志社社长兼总编辑　李栓科

目录

第 1 章
动物的御敌妙招

　　对绝大部分动物来说，这个世界**危机四伏**。虎视眈眈的"猎人"（捕食者）们总是在寻找一切机会，将一些动物变成自己的食物。捕食者的手段招招狠辣，或是速度飞快，或是力大无穷，或是陷阱多多。而要躲开捕食者的捕食，被捕食者们也绞尽脑汁，见招拆招，研究出了各种御敌的招数和武器。隐避、放毒、模仿、欺骗……正是在这样**吃与被吃**的博弈中，动物们演化出了如今这样丰富多彩的特性。

我的味道很恶心

如何在这个危险的世界中生存下去呢？让自己变得同样危险，也不失为一种有效的办法。如果动物拥有了各种光听名字就让人觉得神秘的**化学物质**，至少在人类眼里，它们是很危险的。而有些动物恰恰拥有各自的独门"化学武器"，这些化学物质会让它们拥有极其**恶心的味道**，让它们成为十分难以下咽的食物。

北京人把瓢虫叫作"花大姐"，好名字！
瓢虫，朱红的、瓷漆似的硬翅，上有小圆点，特别漂亮。

—— 部编版小学语文课本，三年级（下）
《昆虫备忘录》

七星瓢虫 (*Coccinella septempunctata*)

最常见的瓢虫之一，因鞘翅上的 7 个黑色斑点而得名。分布广泛，喜捕食蚜虫，是有名的农业益虫。

花大姐与瓢虫味儿

　　瓢虫大概是人们最熟悉的昆虫了。

　　很多昆虫长得比较特别，看起来比较可怕，但瓢虫憨态可掬的样子却让人怕不起来，甚至还觉得它们有点可爱。于是，很多人忍不住伸出手去抓一只近距离观察一下。没承想一打开手，瓢虫就六脚朝天地躺在那里装死，手心里还有一些鲜黄色的液体。

　　这就是瓢虫的"**应激性出血**"现象——在受到攻击或感到

异丙基甲氧基吡嗪，
也叫"瓢虫素"

有危险的时候，瓢虫会把自己鲜黄色的血液从各腿的关节处挤出来。如果你亲手抓过瓢虫，也许会觉得那种莫名的怪异气味很熟悉。有人形容那是"腐烂的草"的气味，我们干脆直截了当地称其为"瓢虫味儿"吧。瓢虫味儿来自血液中的多种生物碱，这些物质光是闻闻就够让人难受的了，吃到嘴里更是又苦又涩。

于是，呸呸呸！捕食者赶忙将瓢虫吐了出来，并且牢牢地记住了它们鲜艳的外表。捕食者们很聪明，上了一"课"之后，下次再碰上这么鲜艳的花大姐，可就不会轻易下嘴了。瓢虫为了保护自己，用上了先进的"化学武器"，但在动物界当中，这个门类的先进武器还多得是呢。

甲虫大炮!

要论谁的化学武器威力十足，那当数昆虫中的佼佼者气步甲了。气步甲也就是俗称的**放屁虫**，其小小的身体里蕴藏着巨大的能量。在遇到捕食者时，它们会剧烈地喷射出气味刺鼻的高温液体。绝大多数捕食者在这样的示威面前都会知难而退，除了好奇心永远也无法被满足的人类，比如小时候的鲁迅先生。

气步甲的这种化学武器的释放得益于它特殊的身体结构。它的**化学武库**存在于腹部，由贮液室和反应室构成，两个室中间通过一个可以分泌酶的腺体连接。贮液室里储存着两种物质——对苯二酚和过氧化氢，正常情况下，这两种物质是井水不犯河水的。但是，当危险来临时，气步甲会将贮液室里的对苯二酚和过氧化氢通过腺体"挤"到反应室，经过腺体里分泌的酶催化，这两种化学物质在反应室内发生剧烈的反应，生成有毒的对苯醌，并释放出大量的热量，最终从屁股喷射出比开水还热的液体——啪的一声，开炮成功。

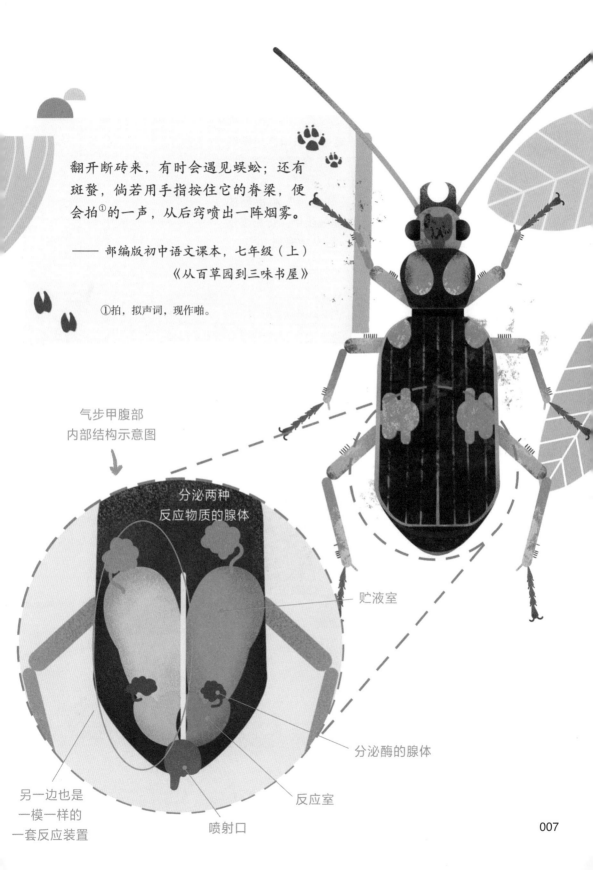

翻开断砖来，有时会遇见蜈蚣；还有
斑蝥，倘若用手指按住它的脊梁，便
会拍①的一声，从后窍喷出一阵烟雾。

—— 部编版初中语文课本，七年级（上）
《从百草园到三味书屋》

①拍，拟声词，现作啪。

气步甲腹部
内部结构示意图

分泌两种
反应物质的腺体

贮液室

分泌酶的腺体

另一边也是
一模一样的
一套反应装置

反应室

喷射口

气步甲族 (Brachinini)

步甲科分为很多个子类群，其中气步甲族是最有名的会"放屁"的成员，下面包含很多个物种。它们喜欢生活在潮湿的地面上。

鲁迅先生在《从百草园到三味书屋》中提到的"斑蝥"并非真正的斑蝥，而是气步甲。斑蝥是指芫菁（昆虫纲鞘翅目芫菁科，后文会提到）。

气步甲遇到敌害时，会喷出气味刺鼻的高温液体

这种武器不仅仅视觉效果华丽,实际威力也不容小觑。产物对苯醌有毒,而反应物对苯二酚和过氧化氢也具有强烈的**腐蚀性**。对于一只误食了气步甲的青蛙来说,这可不仅仅是赶紧吐掉那么简单了,它的整个消化系统都会受到严重的伤害。人的皮肤比青蛙的肠道要坚韧厚实一些,但万一被喷到脸上,仍然会有强烈的灼烧感;如果不幸被喷到眼睛里,还会短暂失明。

我看你怎么飞!

暴雪鹱（*Fulmarus glacialis*）

暴雪鹱生活在北极地区，是典型的海鸟，
在离岸不远的山崖上筑巢。

糟糕!

　　气味防御不是昆虫特有的本领，一些鸟类也会使用。刚出生的幼鸟尤其爱用这一招儿，这个时候它们实在太弱小，为了保护自己往往无所不用其极，尤其喜欢使用各种臭烘烘的东西。

　　暴雪鹱被人们称为"**臭鸟**"，因为这类家伙无论是卵、幼鸟还是成鸟，都散发出臭味，使其他动物无法靠近。如果捕食者还能下得去嘴，那它们就会喷射**恶臭的胃油**来回敬。即便是一只刚刚孵出四天的雏鸟，也可以将恶臭的胃油喷射出好几米远。待成年之后，这种喷射本领就更加精准和连贯了，好比一台重机枪。

　　作为以鱼虾为主食的海鸟，暴雪鹱的胃油可不一般。它们将从食物中摄取的油脂进行加工，变成自己的胃油，储存在肚子里。平时，这是可靠的能量储备，能帮助暴雪鹱进行长途飞行。有捕食者时，可作为武器，一旦被喷到身上，麻烦可就大了。其他鸟类的羽毛如果沾上了它们的胃油，便很难洗掉，羽毛被粘住甚至会无法飞行，落水而死。

舍车保帅

壁虎的断尾逃生是人们比较熟悉的动物自保法门了。经典课文《小壁虎借尾巴》讲述的就是这样的故事：小壁虎从蛇的口中脱险，弄掉了尾巴，找了一圈以后，尾巴又长出来了。

其中的道理很简单——**舍车保帅**。遇到了天敌，又实在逃不掉的时候，当机立断地舍弃自己的尾巴，给自己换一条生路，实在是再划算不过了。

小壁虎把借尾巴的事告诉了妈妈。妈妈笑着说："傻孩子，你转过身子看看。"小壁虎转身一看，高兴得叫了起来："我长出一条新尾巴啦！"

—— 部编版小学语文课本，一年级（下）

《小壁虎借尾巴》

我的新尾巴马上就长出来啦!

壁虎科 （Gekkonidae）

壁虎又被称为守宫，许多种类经常在人类的住所活动，喜欢昼伏夜出，以昆虫为食。

壁虎尾巴
断开处的样子

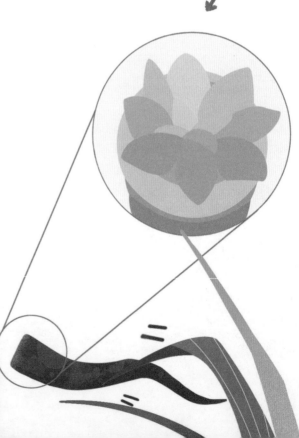

小壁虎不必借尾巴

壁虎断尾逃生，是一种非常主动的行为。尾巴在靠近根处断开，这里有一个特殊的构造叫**软骨横隔**。这个部位的连接本来就比较松散，壁虎在受到外界刺激时，这个构造就会因为尾部肌肉的剧烈收缩而断开，尾巴也就与身体分离了。与此同时，断掉的尾巴中的神经还没有死亡，所以还会继续**不停地扭动**。当捕食者被这个活蹦乱跳的断尾吸引了注意力的时候，壁虎便可以趁此机会溜之大吉。

但无论如何，断掉尾巴造成的能量损失是很大的，可以说是丢了半条命。幸好壁虎拥有**再生**的能力，在断尾的地方还可以继续长出新的尾巴。壁虎的再生能力一直让人们很感兴趣，科学家们一直在研究，这样的能力能否帮助人类治疗某些棘手的伤情，甚至是恢复严重的伤残。

抢戏的尾巴

像壁虎断尾这样牺牲身体一部分的自保行为，其实在自然界中并不罕见，光是想想就叫人肉疼。所幸，有些动物在漫长的进化过程中，创造出了另一个方法——将自己身上不重要的部分假装成要害，从而迷惑住敌人，获得逃生的机会，这种方法叫作**"自拟态"**。

宋代大科学家沈括的《梦溪笔谈》中记载了一种"枳首蛇"，

钝尾两头蛇 (*Calamaria septentrionalis*)

体长约 35 厘米的小蛇，属于游蛇科，喜欢温暖湿润的地区。

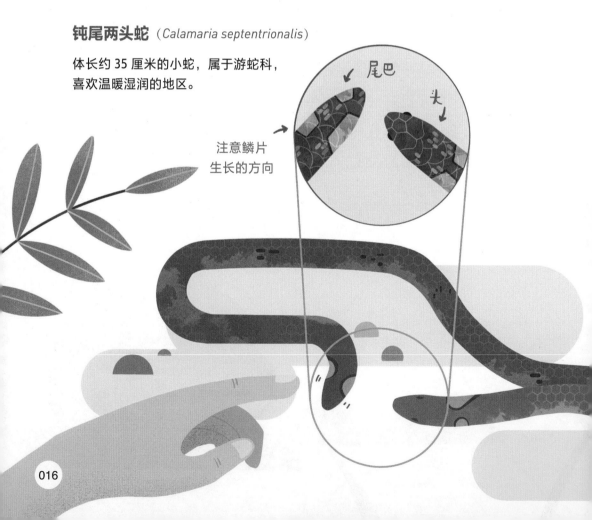

尾巴

头

注意鳞片
生长的方向

现代科学家则把其命名为"钝尾两头蛇"。"两头蛇"可不是指这种蛇长有两个脑袋，而是它的尾巴长得和脑袋几乎一模一样，看起来像身子两端各有一个脑袋。一般的游蛇尾巴都是细长较尖的，而钝尾两头蛇却不一样，它的尾巴是圆钝的，并且尾部的花纹、形状和颜色与脑袋极其相似。于是，它便可以**以假乱真**，通过形态来迷惑捕食者，从而让捕食者"摸不着头脑"，进而提升自己遇险后的存活概率。

更加诡异的是，在行为上，钝尾两头蛇的尾巴也经常"冒充"脑袋。人们发现，钝尾两头蛇有时可以倒退着爬行，用假脑袋带着整个身子前进，仿佛一个队列来了个"向后转"，排尾变成了排头。假脑袋在面对猎物或者是"猎人"的时候时起时落，仿佛摆开了架势要发动攻击。

从形状、颜色、花纹到行为，钝尾两头蛇的头与尾都极其相似，难道真的没有办法分清楚头尾吗？那倒也不是，《梦溪笔谈》中一语点破："但一首**逆鳞**尔。"蛇的鳞片是从前向后排列的，前一片压着后一片。根据这个原则，就很容易区分开了。

假头的艺术

　　多数昆虫的体形太小，面对其他动物基本打不过，所以为了保护自己，它们也演化出了多种多样的防御策略。其中，也有几类喜欢通过自拟态在关键时刻诱导捕食者攻击自己身体的非要害部位，通过给捕食者一个伪造的目标，来让自己获得更大的生存机会。

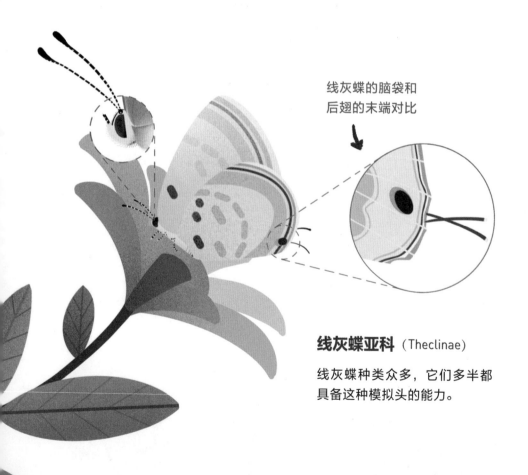

线灰蝶的脑袋和后翅的末端对比

线灰蝶亚科（Theclinae）

线灰蝶种类众多，它们多半都具备这种模拟头的能力。

丑是丑了点，
但还好受伤的不是脑袋！

在小区和公园里，我们有时就能见到线灰蝶在花朵上休憩。这些小型蝴蝶的后翅上有两个细细的尾突，像极了它们头部的触角。在有些种类中，后翅上甚至还有黑色的圆斑，用来模拟复眼。这样一来，后翅的末端就仿佛又长出了一个头，触角和复眼俱全，乍一看不知道哪边是头哪边是尾。在愉快地享用花蜜时，线灰蝶会合拢翅膀，将两个后翅贴在一起上下磨动，这个动作会让后翅的尾突一颤一颤的，好像两根触角在摆动，堪比真正的头。

对于一只蝴蝶来说，翅膀受损比头部受损的生还概率大，所以在遇到鸟类捕食者的时候，磨动的后翅便会迷惑对方，让鸟误把假头当作真头，从而对这里进行攻击，这对线灰蝶来说没有生命危险，这就给了线灰蝶一次难得的逃生的机会。翅膀外缘被啄破甚至不会影响蝴蝶的飞行，只是让它看起来丑了一些而已。

动物的毒性

毒素，同样是动物用来保护自己的利器。各种动物用各式各样的毒素，通过不同的生理机制，最终达到共同的目的——给对手一个狠狠的教训，甚至置其于死地。我们往往笼统地说某些动物是有毒的，但如果按用途细分，毒素又分为攻击性毒素和防御性毒素。攻击性毒素配套着**毒牙**和**毒针**，是主动向对手使用的；而防御性毒素则存在于某些动物体内，只有捕食者将它**吃掉**时才会发挥作用。无论哪种形式，这都是十分狠辣的武器，任何拥有毒素的动物，都可以说是演化中的幸运儿。

竹外桃花三两枝，春江水暖鸭先知。
蒌蒿满地芦芽短，正是河豚欲上时。

—— 部编版小学语文课本，三年级（下）
《惠崇春江晚景》

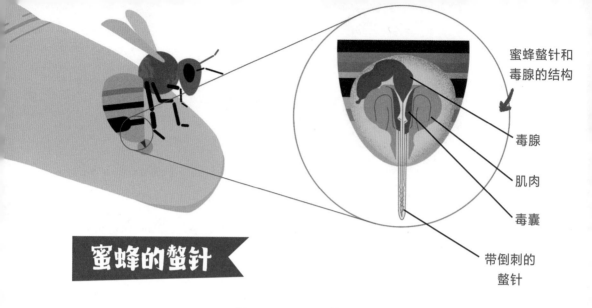

蜜蜂螯针和
毒腺的结构

毒腺

肌肉

毒囊

带倒刺的
螯针

蜜蜂的螯针

　　蜜蜂的毒刺被称为**螯针**，是它**搏命一击**的终极防御手段。但和武侠小说里的毒匕首不同，蜜蜂的蜂毒并不是涂在螯针上，而是藏在蜜蜂体内的**毒腺**中。当你抓一只正在采蜜的工蜂或是威胁一个蜜蜂巢时，蜜蜂就会将螯针刺向你了。此时，蜂毒通过螯针里面的空心管被注射到你体内，但就像护士打针时需要用手指推动注射器一样，注射毒液也需要动力。蜜蜂螯针的主要部分是两个带有倒刺的滑片，蜜蜂通过肌肉，可以控制它们上下滑动，让螯针扎得更深；由于毒腺也受到了肌肉的挤压，储存在其中的蜂毒就被从两个滑片之间的缝隙中挤了出来，注射到你体内，让你疼痛难忍。

　　有说法称"蜜蜂螯人，自己也会失去生命"。这是真的。全世界有8种蜜蜂会与敌人同归于尽。蜜蜂螯针上的倒刺固然会使敌人受罪，但它们自己同样无法全身而退。由于倒刺只能进，不能出，蜜蜂无法顺利地拔出螯针，只能把螯针和它的毒腺甚至一部分消化器官一起抛弃。虽然留在敌人皮肤上的毒腺会继续挤出蜂毒，但蜜蜂的内脏也受到了严重的破坏，蜜蜂的生命也就终结了。

借来的毒素

如果说蜜蜂是"毒不外露",那生活在美洲丛林里的箭毒蛙可就是"高调炫毒"了。这些拇指大小的小动物不仅浑身涂满毒液,而且皮肤颜色极为艳丽,毫不掩饰自己的危险性。美洲土著深知这种动物的危险性,他们在打猎时会使用沾过箭毒蛙毒液的箭,而在捕获猎物后切下箭头周围的肉,以免误食。

箭毒蛙的毒液并不是与生俱来的,而是从其他动物那里**收集的**:它们在吞吃红火蚁、蜈蚣等毒虫的同时,会将毒虫体内有毒的生物碱收为己用"炼成"毒液,并通过皮肤上的腺体将日积夜累的毒液均匀涂抹在体表,还帮自己打造出了一副百毒不侵的神经系统。箭毒蛙的"炼毒术"无疑是演化的又一个奇迹,但如果箭毒蛙一直吃不到有毒的虫子,就会失去毒性。

箭毒蛙科(Dendrobatidae)

一类体形娇小、颜色艳丽的蛙,生活在中美洲和南美洲。箭毒蛙科下有 340 多个物种,但其中仅有 61 种具有毒性。

远程攻击

对一些动物来说，毒液不仅被用来自保，还成了捕杀猎物的武器。各种毒蛇就非常善于利用毒液来捕猎，比如眼镜蛇。它们行动迅捷，杀气腾腾：潜伏、靠近，猛地探出身子、咬住猎物，同时从毒腺中释放毒液，让毒液顺着毒牙的开口流进猎物体内，然后耐心等待猎物失去行动能力——毒液中的神经毒素会导致猎物麻痹，无法动弹，即使挣脱了眼镜蛇的大嘴，也会很快倒在逃跑的路上。

眼镜蛇的毒液进可攻，退可守。有些眼镜蛇不但能在捕食者试图捕捉它的时候咬对方一口，甚至可以从很远的地方对捕食者**喷射毒液**。这类眼镜蛇控制毒腺的肌肉非常发达，用力一挤，就能让毒液从毒牙朝前的开口喷射出去，又准又狠。眼镜蛇知道

捕食者的眼睛在哪儿，将毒液准确地喷进对方的眼睛之后，会让它剧烈疼痛，并失明一段时间。

眼镜蛇属 (*Naja*)

全世界目前有 30 多个已确认的眼镜蛇物种。它们最显著的特征是颈部能扩张。感受到威胁时，眼镜蛇会竖起身体的前半部分，膨大颈部，使自己看上去体形更大，以吓退敌人。

喷射毒液！

毒牙

毒腺

毒牙末端的开口朝前

毒牙前面有一条窄缝

森林里的野猪啦，小鹿啦，兔子啦，看见狐狸大摇大摆地走过来，跟往常很不一样，都很纳闷。再往狐狸身后一看，呀，一只大老虎！大大小小的野兽吓得撒腿就跑。

—— 部编版小学语文课本，二年级（上）

《狐假虎威》

模仿的艺术

经典的成语总是富有现实意义，"狐假虎威"便是。狐狸领着老虎在丛林中穿行，沿途的小动物纷纷躲避，看起来似乎是狐狸威风凛凛，其实是老虎的威势吓跑了小动物。事实上，在演化的漫长过程中，一些动物就掌握了类似的本领，不过不是"领着老虎"，而是通过种种令人惊叹的方式把自己变成**"老虎"**，吓跑那些潜在的天敌或者隐蔽自己。我们把这种现象称为**"拟态"**，也就是"模拟形态"的意思。有些动物长得和环境中的草木、地面、岩石相似，借以隐匿身形，这也属于"拟态"的范畴。

袖粉蝶属（*Dismorphia*）

因为和袖蝶外观相似，
所以叫袖粉蝶。

绡蝶族（Ithomiini）

只出产于南美洲的一类非常美丽
的蝴蝶。"绡"的意思是轻纱，绡
蝶中有很多种类的翅面确实是像
轻纱一样透明的。

"拟态"概念的由来

　　1848—1859 年，英国博物学家亨利·沃尔特·贝茨在南美洲的热带雨林中研究蝴蝶，发现了一个奇怪的现象。当地的袖粉蝶属（无毒）的各个物种之间亲缘关系虽近，但彼此间的翅面花纹却相差甚远。但每种袖粉蝶都与一种有毒的绡蝶的翅面花纹相近。换句话说，它们的翅面花纹**不像亲人像外人**。进一步，他又发现，在自然界当中，每种无毒的袖粉蝶都和与自己近似的有毒的绡蝶生活在同一个区域，绡蝶往往数量较多，而袖粉蝶数量较少，可以说是混迹其中。通过这项观察，贝茨得出了结论，袖粉蝶是通过模仿与自己同地出现的某种绡蝶的外形来**欺骗捕食者**，从而求得生存的。

　　"拟态"的概念正是由此而来，贝茨发现了拟态的第一种也是最普遍的一种形式：一种无毒无害不危险的动物（模仿者），模仿一种不好惹的动物（被模仿者）的外形。这样，只要捕食者认得被模仿者的样子，并在被模仿者那里吃过亏，一般就不会去碰外形相似的模仿者。这种拟态现象经过后来人的总结，被冠以了贝茨的名字，叫作"**贝氏拟态**"。贝氏拟态对于模仿者是有利的，但对于被模仿者却有一点小小的妨害——如果一个捕食者第一次恰好捕食的是模仿者，它就会觉得这个样子的虫子是能吃的，下次再遇到时就还会吃，但吃到的就有可能是被模仿者了。

双向模仿

与单向模仿的贝氏拟态相比，**米勒拟态（也叫缪氏拟态）**显得更复杂一些，参与游戏的"玩家"也更多。北美洲著名的君主斑蝶通过在幼虫时期吃一种叫马利筋的植物，获得了后者的毒素；同一地区的副王蛱蝶，则在幼虫时期吃杨树和柳树，在身体内积累了食物中的水杨酸，让自己味道苦涩。这两种蝴蝶**都不好吃**。它们本可以各自为战，利用自己糟糕的味道抵御鸟类的捕食，但副王蛱蝶却改变了自己的外貌，变得更像一只斑蝶，一只君主斑蝶。

这两种外貌相似、味道难吃的蝴蝶之间，是一种互惠互利的关系。无论一只年轻的鸟儿初次尝试的是哪一种蝴蝶，它都会被那种恶心的味道狠狠教训一番，从此铭记于心——下次看见这样的蝴蝶还是别吃了。君主斑蝶和副王蛱蝶**共同努力**，一起在鸟类的心中强化了这种印象，也让双方都获得了更多的生存机会。

副王蛱蝶（*Limenitis archippus*）

属于蛱蝶科的线蛱蝶亚科。
同样产于北美洲，是美国肯塔
基州的州蝶。

君主斑蝶（*Danaus plexippus*）

属于蛱蝶科的斑蝶亚科。
北美洲最著名的会长途迁徙的蝴蝶。

进攻性拟态

你可能已经发现了，贝氏拟态和米勒拟态都是用来保护自己的。那么，拟态可以用来进攻和捕食吗？随着科学的不断发展，人们最终发现了"**进攻性拟态**"，丰富了拟态的概念。

著名的"寄生鸟"大杜鹃，也就是童话中出镜率很高的"**布谷鸟**"，就是进攻性拟态的绝顶高手。其功力之高，令人匪夷所思。我们知道，大杜鹃把自己的蛋产在其他小鸟（寄主）的巢里，大杜鹃雏鸟孵出后会把寄主的蛋都推出去，由寄主来把大杜鹃的雏鸟喂大。如此厚颜无耻的行为，寄主岂能不防？于是，为了击破寄主的防守，大杜鹃演化出了**双重**的进攻性拟态。

这是雀鹰

这是大杜鹃

大杜鹃（*Cuculus canorus*）

大杜鹃是最常见的一种杜鹃，它们的寄主范围也非常广，很多鸟儿都深受其害。

第一重拟态是大杜鹃的外形：灰色，腹部有黑白相间的横条纹。这个外形像极了北方林间常见的一种猛禽——雀鹰。雀鹰小巧敏捷，擅长在森林边缘隐蔽和突袭，是小型鸟类害怕的一大杀手。有了这身外衣，大杜鹃就不必总是蹑手蹑脚地窥伺，而是大摇大摆地去侦察各个鸟巢的情况。小鸟们一时认不出来，就只能瑟瑟发抖地躲避，任由大杜鹃横行。

等到大杜鹃趁别的鸟儿不在家，把蛋下在了人家的巢里后，第二重拟态就开始发挥作用。要想自己偷下的蛋不被寄主认出来，就必须足够像才行。为此，大杜鹃演化出了**模拟鸟蛋外观**的能力。针对不同的寄主，它们甚至可以因地制宜。如果寄主的蛋是蓝色的，那么偷产进去的蛋也会是蓝色的；如果寄主的蛋是白底黑斑的，那么偷产进去的蛋也会是白底黑斑的。没有经验的寄主往往被骗，乖乖帮大杜鹃把幼鸟养大，到头来空忙一场。当然，大自然是公平的，随着自身的学习和物种的演化，一些寄主也慢慢掌握了识别大杜鹃蛋的能力。演化就是这样一场永不休止的竞赛，天地万物你追我赶，才成就了今天我们所看到的奇迹世界。

你分得出来哪个是大杜鹃的蛋吗？

第 2 章

动物与环境的博弈

　　捕食者并不是动物唯一需要关注的因素，在自然界中，能够杀死一只动物的因素还有很多。饥饿、重病、太冷太热、落水、被大风吹上天、被落石砸中、被野火灼烧……这些来自**地球母亲**的威胁并不比捕食者弱。因此，动物在生存中需要考虑到方方面面的因素，它们身上很多看似平常的属性，恰恰就是它们**适应环境**的十八般武艺的一部分。

巢穴有大用处

在课文《蟋蟀的住宅》中，作者法布尔通过细致的观察，活灵活现地向我们展现了蟋蟀的"施工现场"。为了躲避冬季的严寒和夏季的烈日，蟋蟀为自己和后代建造了一个舒适的地下住宅。这样的例子是动物形形色色的筑巢行为中的一种。除了蟋蟀的地穴，我们在生活中常见的树上的鸟窝、墙角的蚂蚁洞，以及在动画片里看到的黑熊冬眠的山洞、鼹鼠储存粮食的地道，都是动物巢穴的典型代表。

为什么筑巢？原因大同小异，都是为了保护某些东西。可能是为了给后代提供一个舒适安全的成长环境；也可能是为了让自己免受风吹雨打；或者是为了不被捕食者发现，能睡个安稳觉。出于这些目的，动物界的建筑大师们各显神通，建造出各种各样的**巢穴**，让人不禁感叹自然和演化的神奇。

蟋蟀和它们不同，不肯随遇而安。它常常慎重地选择住址，一定要排水优良，并且有温和的阳光。它不利用现成的洞穴。它的舒服的住宅是自己一点儿一点儿挖掘的，从大厅一直到卧室。

—— 部编版小学语文课本，四年级（上）
《蟋蟀的住宅》

东非大白蚁巢穴
的外观

自带空调的宫殿

　　在昆虫中，白蚁可算是技艺精湛的建筑大师了，连人类建筑师都为之惊叹。你可能在纪录片或书本中见过白蚁诡异又壮丽的杰作——"**蚁冢**"，它们或像尖塔，或像墓碑，伫立在亚洲和非洲的荒野上，一般2米多高。这样的蚁冢属于白蚁大家族的特殊成员——大白蚁。它们与其他白蚁不同，不喜欢吃朽木，而是收集木屑和碎叶片，在上面栽培蘑菇来食用。这种蘑菇就是优质的食用菌——**鸡枞菌**。没错，美味的鸡枞菌是与大白蚁共生的。

　　不过，无论是白蚁自己还是鸡枞菌，都生活在"摩天大楼"的地下室里。蚁冢的地上部分不是用来居住的，而是白蚁王国的巨型换气塔。它的核心功能有两个：一是无论白天黑夜，都将巢穴中的温度控制在**30**℃左右，因为这个温度最适宜鸡枞菌生长；二是将巢穴底层富含二氧化碳的浑浊空气排出去，换成富含

东非大白蚁（*Macrotermes bellicosus*）

首先要注意，白蚁不是白色的蚂蚁，而是蟑螂的近亲。
大白蚁又是白蚁中演化程度较高的一类。

氧气的新鲜空气。

不同种类的大白蚁会修建不同形状的蚁冢，换气原理也不同。举一个例子，东非大白蚁修建在稀树草原上的蚁冢像一座高高的尖塔，外面有很多向外突出的、垂直的**隆脊**。每个隆脊中有一根**通风管道**，下面连通着白蚁居住的巢室；上方则直达尖顶，随后汇聚在一起，与蚁冢内部贯通上下的中央管道相连。白天，由于太阳暴晒，外侧隆脊的通风管道中的空气受热上升，而巢室中的空气便被吸入隆脊通风管道，形成了持续的上升气流。上升气流来到尖顶后，通过这里分布着的无数通向外面的细小管道，与外界完成气体交换，获得**新鲜空气**。接下来，稍微冷却的空气沿着中央管道向下灌去，重新回到巢室之中。

就这样，通过自发的气体流动和交换，蚁冢保持了空气的新鲜和温度的恒定。而在晚上，由于蚁冢内部比较热，外面比较冷，气体流动是反过来的，中央管道中是上升气流，隆脊通风管道中是下降气流。

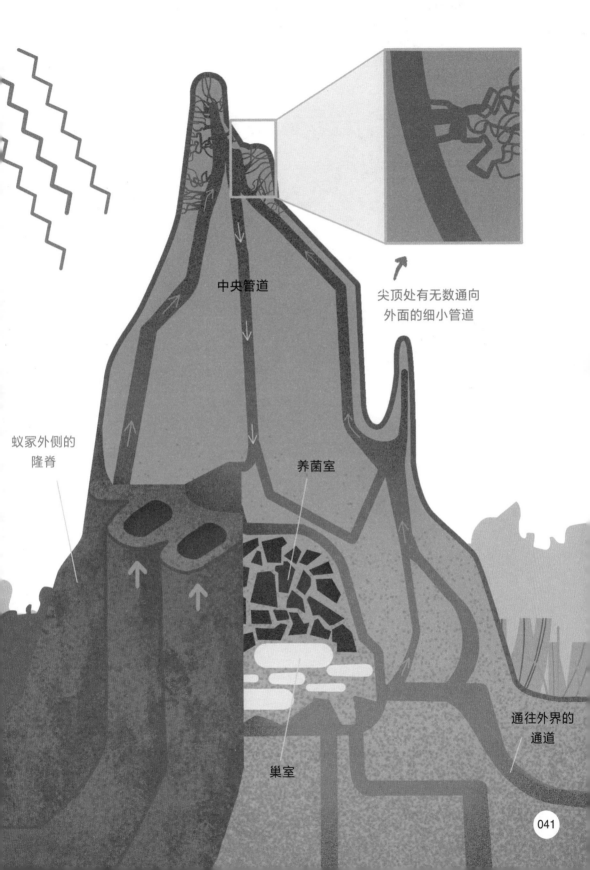

中央管道

尖顶处有无数通向
外面的细小管道

蚁冢外侧的
隆脊

养菌室

巢室

通往外界的
通道

群织雀 "公寓" 的
内部结构

群织雀 (*Philetairus socius*)

生活在非洲的卡拉哈里沙漠与周边地区，
是织布鸟大家族中的特殊分子。

群织雀的"公寓"

我们建了一栋公寓

如果说白蚁的巢是一座宏伟森严的宫殿,那么群织雀的巢就是一栋互助有爱的**公寓**。虽然群织雀的体形只有麻雀那么大,外貌也平平无奇,但它们筑的巢却能让人惊掉下巴:荒原中孤独地伫立着一棵树,树冠上仿佛挂了一个巨大的**稻草团**。靠近一些,就能在这个"稻草团"上发现大大小小的洞口,同时还传出叽叽喳喳的叫声……这就是几十个甚至上百个群织雀家庭的合作成果。

房间里铺着各种柔软的材料,一个房间就是一个舒适的家,和人类居住的公寓楼十分相似。这样的一栋"公寓"能容纳数百个"居民",只要其中一只发现有捕食者靠近,就会发出示警的鸣叫声,向所有"居民"报信。到了夜晚和冬季,气温骤降,蓬松厚实的巢壁、邻居的体温,都让公寓里的居民免受**寒冷**之苦。在非洲,有些"公寓"已经被连续使用了超过 100 年,得到了每一代居民的用心维护。

河流上的私家别墅

介绍完昆虫和鸟的筑巢绝技，现在轮到哺乳类动物中的建筑大师登场了。或许你对**河狸修大坝**的故事有所耳闻，但你知道河狸的"私人住宅"到底有多精妙吗？

河狸修大坝主要是为了储水，让巢穴周围的水位升高，形成一个小小的"人"工水库，防止天敌靠近。河狸的巢穴位于水库中央，是小土堆形状的，河狸会在其中挖出一个"起居室"，铺上从周围收集来的草叶、芦苇茎、"亲口"啃出来的碎木片，然

河狸属（*Castor*）

世界第二大的啮齿动物，本质上是生活在河里的大老鼠。现存只有两种，分别是加拿大河狸（俗称北美河狸）与欧亚河狸。

河狸"起居室"的
内部构造

水下的"隧道"

后在这张舒适的厚地毯上用餐、睡觉、互相梳理毛发，以及抚育河狸宝宝。虽然泥土是河狸筑巢的重要材料，但为了能在"起居室"里呼吸到新鲜空气，河狸在"抹泥糊墙"时会特意避开巢顶的部分，使巢顶具有**透气、换气**的功能。在寒冷的冬天，即使气温跌至冰点以下，"起居室"里依然能保持在0℃以上，你甚至能观察到河狸呼出的白白的热气从巢顶冒出来。此外，河狸进出家门的方式也很特别，为了不被天敌发现，河狸会把通往"起居室"的通道入口设在水面以下，挖出浸没在水下的"**隧道**"，神不知鬼不觉地游进游出。

除了精妙的小土堆，河狸的巢还有一种相对简单的建筑形式：**往河岸里打洞**。在水流量大或者水太深的河流湖泊里，河狸无法筑坝拦水，这时，它们就会退而求其次，把巢打进河岸里。它们会在水面以下的位置打开入口，然后挖一条倾斜向上的隧道，让河水灌进隧道里，在合适的高度再继续向上挖，把水面以上的部分掏出一个空洞，做成一个干燥舒适的起居室。如果地面的土层太薄，河狸也有可能造成"施工事故"，把巢顶部的土层（也就是巢的天花板）挖穿。这时，它们就会采取前文提到的"小土堆"构造法，四处收集材料，给巢穴搭一个"屋顶"来补救。

水坝

寒号鸟不会冻死

对于寒冷地区的动物而言，**如何过冬**是一门必修课。动物过冬有两大难处：一方面是冷，如果没有一身厚实的皮毛，或是找不到遮风挡雪的地方藏身，动物就容易被冻死；另一方面，比寒冷更可怕的是**食物匮乏**，由于大多数植物都已枯萎，生态系统基本失去了创造新营养物质的能力，要想获得食物，基本只能靠搜找果实（或种子）、枯草和草根，或者捕杀别的动物。于是，如何御寒，如何找吃的，就成了寒冬里动物们的主要任务。

人们还将自己在生活中观察到的动物过冬难现象写成了寓言和童话，用以警醒世人居安思危，比如语文课本中的寒号鸟和喜鹊这对冤家的故事。身患重度拖延症的寒号鸟听不进去喜鹊的劝告，不愿做窝，最终被活活冻死。喜鹊固然是过冬的行家里手，但它可没有资格嘲笑寒号鸟。事实上，寒号鸟不但能顺利过冬，环境还要比喜鹊温暖惬意得多。面对越冬这门课的考试，每种动物都交出了一份优秀答卷。

> 寒号鸟重复着哀号："哆啰啰，哆啰啰，寒风冻死我，明天就做窝。"
> 天亮了，太阳出来了，喜鹊在枝头呼唤寒号鸟。可是，寒号鸟已经在夜里冻死了。
>
> —— 部编版小学语文课本，二年级（上）
> 《寒号鸟》

寒号鸟不是鸟

　　寒号鸟，是一种叫"鸟"却不是鸟的动物，它的真实身份是**复齿鼯鼠**。复齿鼯鼠是一种夜行性动物，它们会在黑夜里发出"哆啰啰"的标志性叫声，听起来的确很像一种鸟。

复齿鼯鼠 (*Trogopterus xanthipes*)

中国特有的一种鼯鼠，生活在东北到西南的山地森林里。它的粪便干燥后是一种传统药材，叫"五灵脂"。寒号鸟最初是佛教故事中的一种神话生物，在明朝陶宗仪的《南村辍耕录》中，被与古称"寒号虫"的复齿鼯鼠联系了起来。

复齿鼯鼠与鸟还有一个近似之处，那就是它们也会"飞"。鼯鼠，其实就是会"飞"的松鼠，属于松鼠大家庭下面独特的一个小类，全世界有30多种，而复齿鼯鼠便是其中之一。鼯鼠的前腿和后腿之间由宽大的皮膜连接着，拥有**天然翼装**。皮膜并不能让它们像真正的鸟一样展翅高飞，但足以让它们从一棵树上滑翔到另一棵树上。这项绝技，让鼯鼠可以实现在树与树之间的快速旅行，也能躲避凶狠的捕食者。

复齿鼯鼠不仅不会在冬天冻死，而且还是抗寒高手，它们在岩缝或者树洞里建巢，然后会用杂草、树枝、动物毛等东西，把巢铺得又干净又暖和。冬天来临后，复齿鼯鼠还会用干草给巢穴封上门，外加自己一身浓密的皮毛，根本冻不着。

解决了保暖的问题，复齿鼯鼠还需要**搞定食物**。很多松鼠都有在秋天埋藏坚果用以过冬的习性，但复齿鼯鼠与此不同，它们最主要的食物是侧柏和油松的叶子。巧了，这两种植物都是常绿的，冬天不落叶。于是，复齿鼯鼠会在冬天的**夜晚**出来活动，啃食松针和柏叶，虽然这两种食物不像坚果那么有营养，但只要多吃，还是足以满足复齿鼯鼠的能量需求的。至于剩下的时间，复齿鼯鼠大部分会用来在窝里休息——这不比整日忙碌的喜鹊舒服多了？

鸿雁南飞

　　严冬时节，留在原地勇敢面对不一定是最佳选择，还有一个不错的办法是知难而退，迁徙到一个更温暖的地方。越是善于移动的动物就越是热衷此道，比如占全世界鸟类物种数 40% 的**候鸟**们。雁是候鸟中最著名的一类，全世界已知有 17 种。而在中国，最具代表性的一种当数鸿雁。

　　候鸟通常有一个**夏季繁殖地**、一个迁徙时途经的过境地和一个冬季越冬地。鸿雁在每年 4 月开始北飞，来到主要位于中国东北地区和蒙古国北部的夏季繁殖地。白天，鸿雁成群结队地在

鸿雁（*Anser cygnoides*）

中国最著名的一种雁，简称"鸿"。
颈部后面有十分鲜明的褐色宽条纹，
能够帮助我们一眼认出它。

河川和沼泽上畅游，以水边生长的莎草、芦苇等植物为食，偶尔也会吃点小虾或者小螺。5月，鸿雁就开始成双成对地繁殖。孵出后的鸿雁宝宝不一会儿就能自如地行走、游泳、进食，它们成长迅速，两三个月后就能学会飞行。如此的生长速度是很有必要的，因为在它们学会飞行后不久，鸿雁的南迁就要开始了。

从9月到11月，鸿雁们结成一个个经典的人字形或一字形的雁阵，在强壮雄雁的带领下，开始陆续南飞。鸿雁**过境**的区域广大，从新疆东部一直到沿海地区，都能见到雁阵从天上飞过。鸿雁最终的目的地是长江中下游地区，那里河湖众多，水田遍布，而且冬天不结冰，正适合它们在冬天觅食。

鸿雁并不是特别怕冷，它们离开东北南下越冬的主要原因是缺乏食物，因为东北冬季苦寒，冰雪几乎封冻住了一切。南下的过程中，鸿雁并不会一直飞行，在过境地区，每遇水草丰美之地，它们便会落下来补充营养。它们也不会太死心眼儿，不是非要去长江中下游不可，如果恰好在半路上碰到一个不常结冰又有食物的地方，少数鸿雁说不定就留下不走了。

生命在于静止

比起折腾式的越冬，还有一种越冬方式省时省力，那就是彻底**休眠**，比如一些昆虫的卵。

以卵越冬的一个典型例子就是蚜虫家族的棉蚜。棉蚜在一年中要繁殖 20~30 个世代，多数世代出现在夏天，生活在夏季寄主植物上；少数世代出现在冬天，生活在冬季寄主植物上。在这 20~30 个世代中，只有 1 代是雄蚜，其他都是雌蚜。

一个邻居看见了，对他说："你别光盯着葫芦了，叶子上生了蚜虫，快治一治吧！"那个人感到很奇怪，说："什么？叶子上的虫还用治？我要的是葫芦。"

—— 部编版小学语文课本，二年级（上）
《我要的是葫芦》

夏季雌棉蚜群

雌棉蚜

夏天，棉蚜最喜欢待在棉花和各种瓜类的叶片下面，吸食汁液，并且飞速繁殖。这是棉蚜的女儿国时期，这段时间所有棉蚜都是雌的。它们不需要交配，卵直接在身体里孵化，一代一代地生出更多的雌性小棉蚜。依靠这种简单复制的方式，棉蚜族群很快便兴旺了起来。

转眼秋天到来，棉蚜们要为越冬做准备了，一整个夏天都不曾露面的雄蚜虫此刻即将登场。蚜群中会出现两种类型的蚜虫，它们虽然都是雌性，但是外观和使命不同。一种有翅，先行飞到**冬季寄主**上，然后生下无翅的有性繁殖雌蚜；另一种无翅，在夏季寄主上生下有性繁殖雄蚜后，雄蚜再飞到越冬植物上，去找雌蚜交配，随后由雌蚜产下宝贵的卵。这个有性繁殖的过程非常关键，它让蚜虫在冬季来临前有机会进行一次基因重组，保证基因的多样性，应对环境的挑战。

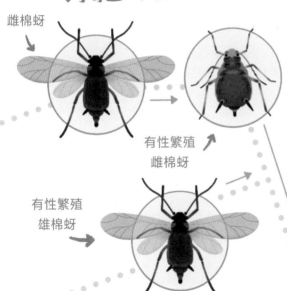

雌棉蚜

有性繁殖雌棉蚜

有性繁殖雄棉蚜

越冬卵

棉蚜（*Aphis gossypii*）

《我要的是葫芦》中所写的吃葫芦的蚜虫是真实存在的，那就是棉蚜，是世界上最有名的蚜虫之一。

冬季寄主

我一想起来就为蝴蝶着急，这样的天气它们能躲在哪里呢？

—— 部编版小学语文课本，四年级（上）
《蝴蝶的家》

昆虫是如何避雨的？

下雨的时候，蝴蝶躲到哪里去了呢？这是个再平常不过又引人深思的问题。事实上，对于整个昆虫世界，乃至所有的"小"动物来说，这都是一道共同的难题。因为人们眼中的一个小小雨滴，可能是某些昆虫生命中的一场大洪水。

大多数昆虫的身体太小，从空中落下的一滴雨对它们而言就是灾难。对那些身长不足5毫米的小型昆虫来说，只要一颗大雨滴砸在身上，它们的身体就可能被浸透，然后被水分子的强大张力牢牢地贴在地上，动弹不得，全身的气门（身体侧面的呼吸开口）都被浸泡在水里，无助地等待着被慢慢淹死在**一滴雨**里面的结局。在全球范围内，每年杀死最多昆虫的是什么？不是人类的农药，也不是危机四伏的世界里无处不在的捕食者，而是从天而降的**生命之源——水**。

相比中雨、小雨，大暴雨更是可怕得多，这是一场无差别的**地毯式轰炸**。无数的昆虫会被从植物上冲刷到地面上，淹死在恣意横流的雨水里。于是，一场场大暴雨就成了昆虫们必须渡过的一道道难关。

幸运的是，它们有办法。

蝴蝶到底躲哪儿了?

蝴蝶避雨的地方其实没什么特别。"被风吹得翻转不定"的小叶子当然不理想,但森林里的芭蕉、天南星、芋头等植物的巨大叶片,却是非常可靠的"雨伞";大树树冠下方的草丛也不错,茂密的叶子会挡住大部分雨水。同样可靠的藏身地点还有树洞、崖壁上的岩石下面或者岩缝。蝴蝶找起避雨处来轻车熟路,因为这其实就是它们晚上休息的地方。

"它们身上的彩粉是那样斑斓,一点儿水都不能沾",《蝴蝶的家》的作者满心焦急地写道。但如今的人们知道,这并没有关系。蝴蝶属于**鳞翅目昆虫**,"彩粉"就是它们翅膀上覆盖着的标志性的微小**鳞片**。除了构成蝴蝶绚丽的色彩和花纹,这些鳞片还有很多神奇的功能,防水就是其中之一。在蝶翅上滴一滴水,水滴会迅速地滚到一旁,丝毫不会将翅膀打湿。只有将蝴蝶丢入水中,泡上几个小时,蝶翅才会彻底被浸透。用电器来类比的话,蝶翅的防水级别至少是防泼溅。蝴蝶能够在小雨天自如地飞行,完全不受影响;大雨天,只要藏身得当,沾上一点水也没有问题。

雨过天晴,蝴蝶就会飞上枝头,张开翅膀,让阳光晒干自己湿漉漉的身子。鳞片这时又要发挥作用了——它们能够非常高效地**吸收太阳能**,帮助蝴蝶尽快暖和起来。

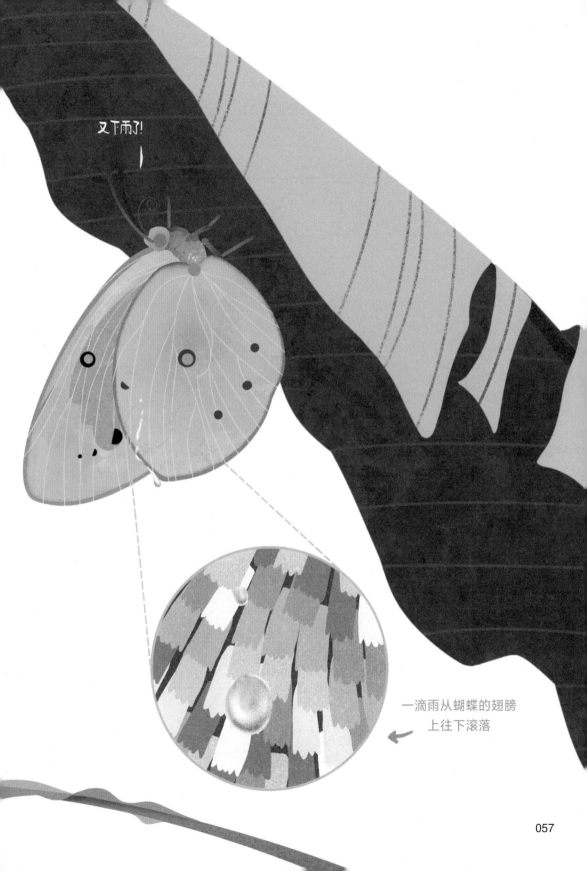

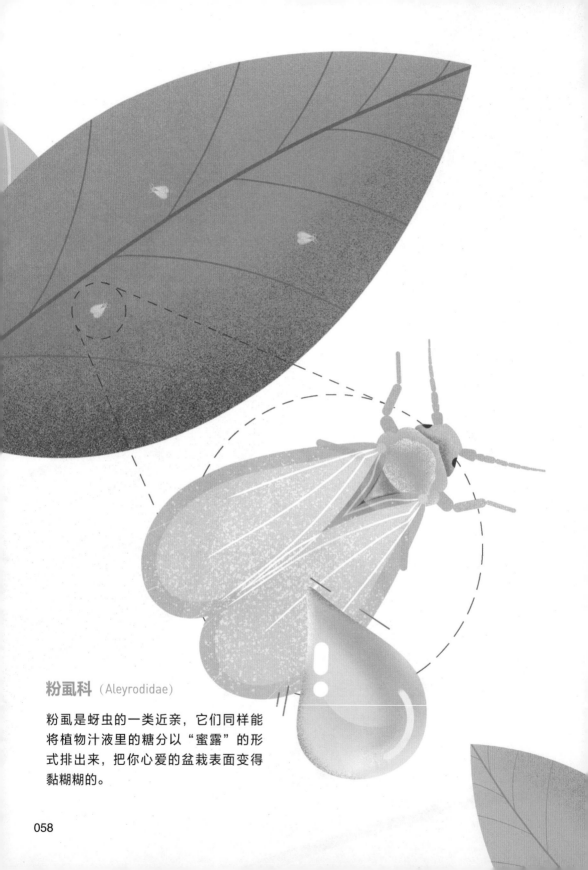

粉虱科（Aleyrodidae）

粉虱是蚜虫的一类近亲，它们同样能将植物汁液里的糖分以"蜜露"的形式排出来，把你心爱的盆栽表面变得黏糊糊的。

我有天然的防水涂层

家养的花卉上，容易出现一种吸食植物汁液的、常密密麻麻分布的白色小飞虫。这类小飞虫的名字叫作粉虱，它们**专门寄生在植物身上**。粉虱只有**1毫米**左右长，雨滴砸在叶片上飞溅出来的小水滴都能将它们淹没。它们的飞行能力也很差，做不到像蝴蝶那样来去如风。更重要的是，粉虱是高度依赖植物的昆虫，不会轻易离开自己栖身的植物。

那该怎么防雨呢？

用"粉"。

粉虱之所以叫"粉"虱，是因为它们的身体表面覆盖着一层**蜡粉**，这让大多数粉虱的外表都呈现白色。这些蜡粉不是天生就有的。刚刚从若虫（也就是小时候）变成成虫的时候，粉虱的体表还是光秃秃的，身体呈浅黄色，翅膀呈浅灰色。接下来，它们腹部下方的几组小孔将开始发挥作用。这是蜡腺的开口，里面将会分泌出蜡丝。此后的24小时里，粉虱会不断地用后足将蜡丝刮下来，搓成小碎粒，涂抹在自己的身体和翅膀表面，终于变成了最后那副抹了粉的模样。

根据化学分析的结果，人们可以将这种蜡粉理解成一种固态的**油脂**——它当然不会溶解在水中。就这样，粉虱给自己做了一个**防水的涂层**，就算有雨滴落在它们身上，也会滑落到四周。面对雨水的轰炸，粉虱有能力保护自己。

家，本来就是遮风挡雨的地方

对于蚂蚁来说，下雨是个大麻烦——雨水会灌进它们位于土里的家。蚂蚁的感官高度灵敏，如果它们察觉到空气温度、湿度变大，就知道一场大雨就要来了。一些种类的蚂蚁会选择将蚁后、卵、幼虫和蛹护送到安全的高处，于是就有了经典的"**蚂蚁搬家**"现象。

有时候，大雨来得太急，搬家就成了一场大冒险，因为巢穴四周都已经被水淹没了。这可怎么办？对于火蚁来说，此刻便是发扬蚁族的传统美德——**集体精神**的时刻了！火蚁是分外团结的蚂蚁，只见它们的工蚁迅速抱在一起，结成了一艘由自己的身体构成的**木"筏"**，向安全的地方漂去。蚁后和幼体们被安稳地保护在中间，一点儿水都不会沾到。

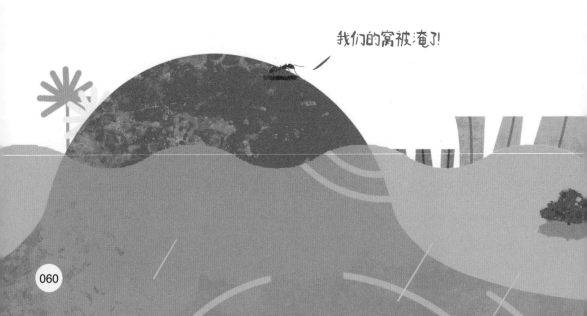

我们的窝被淹了！

比家更重要的是家人，不是吗?

你也不必为工蚁们担心，蚂蚁可是著名的**憋气高手**。有些种类的蚂蚁，在身体被完全淹没的情况下，竟然还可以存活 8~9 小时。

火蚁属（*Solenopsis*）

火蚁属分布广泛，物种众多。其中的红火蚁是著名的入侵昆虫，蜇人很疼。

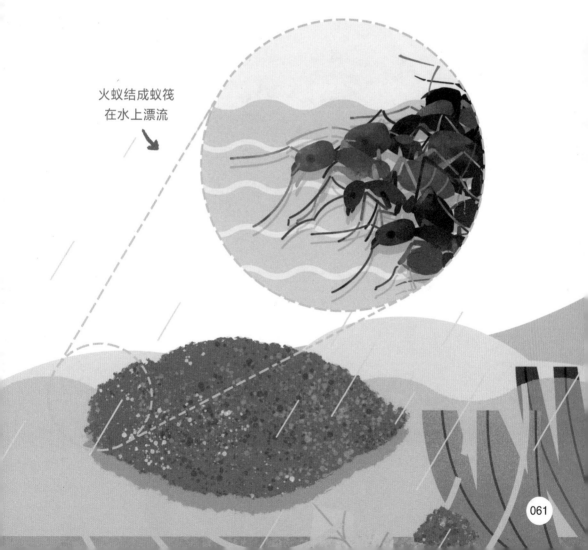

火蚁结成蚁筏
在水上漂流

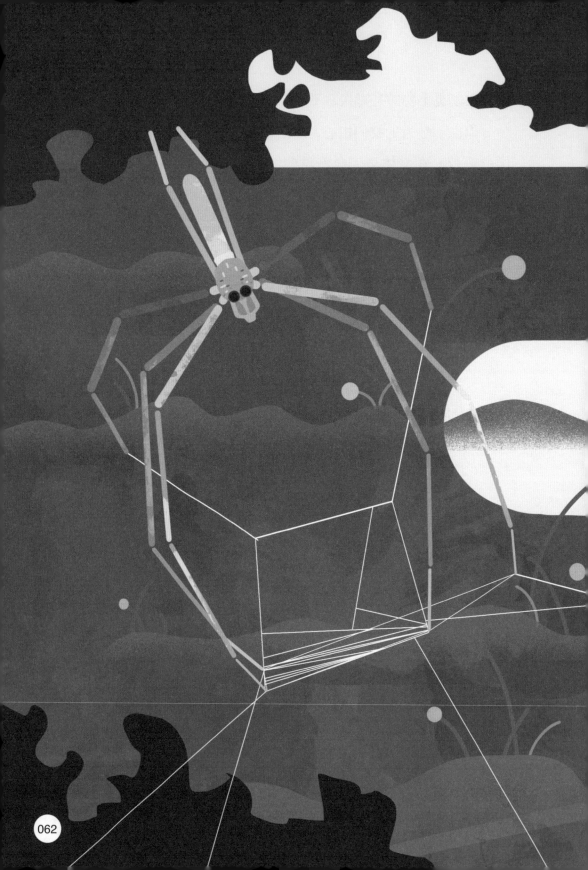

蜘蛛开店会卖什么?

如何吃上饱饭,是大问题中的大问题。动物觅食的招数比人类的兵法还多,难以尽数。幸好,蜘蛛和它们猎食用的蛛丝,给我们提供了一个很好的小窗口,让我们可以管中窥豹,看一看动物觅食的问题。

《蜘蛛开店》中的小蜘蛛,织网本领高超,想开店却不知卖什么。它给大嘴的河马织口罩,给长脖子的长颈鹿织围巾,还差点儿给多脚的蜈蚣织了袜子。蜘蛛开店,手忙脚乱,令人忍俊不禁。现实中的小蜘蛛们当然不会犯这种错误,它们丝的强度和黏性各不相同,又据此织出了各种不同形状的网,可以用来捕捉不同的猎物,甚至还具备捕食之外的功能。

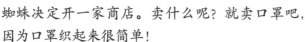

有一只蜘蛛,每天蹲在网上等着小飞虫落在上面,好寂寞,好无聊啊。
蜘蛛决定开一家商店。卖什么呢?就卖口罩吧,因为口罩织起来很简单!

——部编版小学语文课本,二年级(下)

《蜘蛛开店》

063

以身诱敌，守株待兔

　　说起蜘蛛网，人们最先想到的应该是一张**又大又圆**的网，由中心向外围辐射出骨架结构，再用横丝盘绕骨架，结成一环一环的形状。蜘蛛丝非常纤细，近乎透明，在它笼罩的直径近半米的范围内，即使是视力再好的猎物，也难逃一头撞上这"致命陷阱"的命运。蜘蛛坐镇中央，一旦感受到网丝的震动和张力变化，立刻就能判断出昆虫落网的位置，向它注入毒液，再用网丝缠绕捆绑，准备大快朵颐。

　　这种圆网，瞄准的是那些在**开阔空域**中飞行的昆虫，地上跑的昆虫自然不在它的考虑之中。结这种网的蜘蛛主

高居金蛛（*Argiope aetherea*）

金蛛属的蜘蛛通常体形较大，颜色鲜艳。它们广泛分布在世界各地，尤其是气候温暖的地区。

要来自园蛛科，其中的一些种类常常出没于小区和公园，非常显眼。园蛛通常在傍晚张网，圆网结好后是固定不动的，园蛛只能静待晚饭上门。除了妥善选取结网地点外，怎样才能吸引更多的昆虫落网呢？园蛛家族的特殊成员金蛛想出了办法：在网上做一些装饰。比如高居金蛛，它们会在蛛网中心添加更多的蛛丝，用Z字形的走线织出一个 **X** 形的花纹，叫作"**装饰带**"。然后金蛛再将头朝下，把自己的八条腿两两并拢，也形成一个"X"，与装饰带重叠，隐去自己的身形。装饰带可以反射**紫外线**，这种紫外线通常很容易吸引昆虫。因此，有一种主流观点认为，装饰带是用来吸引昆虫，方便捕食的。

另外，人们推测，装饰带可能还有**视觉提醒**的作用。金蛛结网的位置普遍比较低，不超过1米，就连"高居"的高居金蛛，网的高度也不过一人高左右。由于网过于透明，它很容易被路过的大型动物撞破。既然如此，不如添加点醒目的装饰，提醒大型动物：注意，这儿有蛛网，请绕道走！

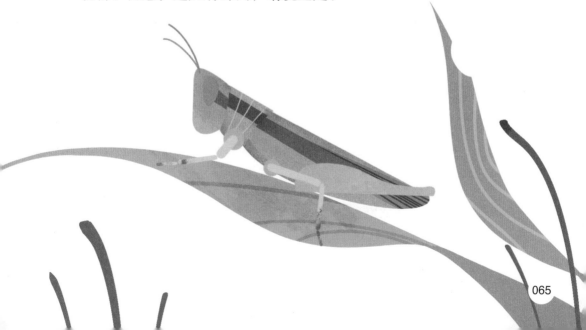

钓"鱼"高手

园蛛科还有一个另类的族群，被称为链球蛛，也有人叫它们流星锤蜘蛛或牛仔蜘蛛。这些名字都源自它们的习性。它们不结圆网，甚至不会织网，而是酷似武侠片中的大侠使用**流星锤**。从链球蛛的一条足上，会垂下一根坚韧细长的蛛丝，它的末端挂着一个黏液球。每当黑夜降临，链球蛛的猎杀行动便悄然开始了，它们会用足挥动这条蛛丝，使末端的黏液球在空中摆动。触碰到黏液球的猎物会被紧紧粘住，再也无法逃脱。这时，链球蛛就会如同渔夫钓鱼提竿一样，悠哉地收回流星锤，把猎物拉过来，开始享用大餐。运气好的时候，一晚上捕捉6只蛾子也不在话下。

并不是每种园蛛科蜘蛛都能捕食蛾子，因为蛾子的翅膀上有细小的鳞片，如果不小心粘到蛛网上，可以快速脱落触网鳞片，**金蝉脱壳**。但链球蛛却能做到，因为它的黏液球里含有**多种黏液**：有的能渗透鳞片，直达表皮内部；有的能提供强大黏性。不论蛾子怎么挣扎也难逃一死。

与大圆网比起来，流星锤面积小，能接触到的昆虫就少，坐等猎物上门显然行不通。链球蛛决定使用"美人计"——它们的黏液球中还含有特定的化学物质，与雌蛾散发到空气中以吸引雄蛾前来交配的**性外激素**非常类似。雄蛾闻到这种味道，本以为是雌蛾在前，扑棱着翅膀飞过来，结果啪的一下，就被流星锤粘住了，等发现这是个陷阱时为时已晚，它已经成了链球蛛的美餐。

乳突蛛族（Mastophorini）

乳突蛛族总共有五个属，其中四个属会耍流星锤，被称为链球蛛。它们大多分布在南美洲。一些雌性链球蛛的外观很像鸟类。

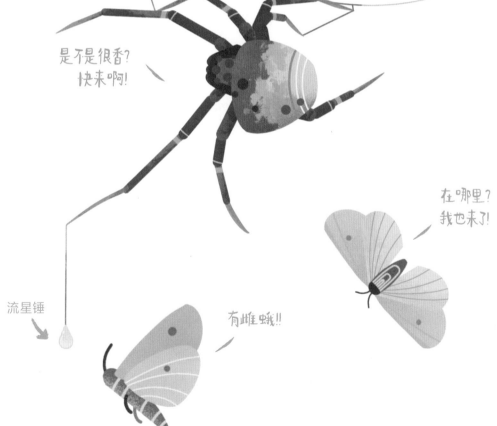

是不是很香?
快来啊!

流星锤

有雌蛾!!

在哪里?
我也来了!

蜘蛛不出门，也知家外事

蜘蛛里还有一个家族，专门结**漏斗状**的网，这就是漏斗蛛科。网的大口是"前门"，小口是"后门"，中间由"网管"相连，也就是漏斗的颈部。这种网没有黏性，但充满了缠绕的细丝，且富有弹性，同样会钩住触网的猎物。漏斗蛛网的前门开口向上，形成一个网平面，有的直径甚至可达40厘米，大而明显。网中的漏斗蛛通常潜伏在漏斗颈部靠近前门的地方，当有猎物触网时，它们就会迅速出动，向猎物发起毒液攻击，然后将身中毒液的瘫痪猎物拖回网管，开始进食。

后门则是漏斗蛛留给自己的撤退路线，通往位置隐蔽的石隙、壁缝或落叶层中，大大增加了它逃避敌害的成功概率。因此，墙角、石缝、枯树、灌木等阴暗潮湿的处所都是漏斗蛛结网生活的好选择。漏斗蛛对**光线的变化**很敏感，当它们察觉到危险靠近时，会迅速从"后门"逃得无影无踪。

无论是在休息还是捕猎状态，漏斗蛛都可以通过**蛛网上的震动**识别出触网的"访客"，并立刻做出反应。门外是危险的入侵者还是潜在的食物，一动便知。

漏斗蛛科 （Agelenidae）

也叫草蛛，是农林害虫的重要天敌，分布于世界各地，
是最常见的蜘蛛之一。

第 3 章

动物的感官和智慧

什么是智慧？它们可以被理解为**接收和处理**信息的能力。接收，靠的是眼、耳、鼻、口、皮肤等感觉器官（简称感官），感官得到的**信息**互相补充，共同描绘出动物周围的世界。接收到信息以后，大脑将做出判断和反应。这一方面要依靠动物的先天智力，另一方面也要依靠后天学习得来的经验。动物们在这些方面的表现令人类惊讶，有些动物学会了使用**简单的工具**，而一些看似简单的动物，竟然也有**学习和记忆**的本领。

动物眼中的世界

　　动物认识周围环境和事物的第一感官就是眼睛。有了**眼睛**，就拥有了视觉，可以感知事物的大小、明暗、颜色和位置。对生存具有重要意义的各种信息，至少有 80% 是通过视觉获得的，因此视觉被认为是动物最重要的感觉。

　　我们人类很清楚自己的世界是什么样子的，那么其他动物看到的和我们一样吗？事实上，我们很难知道别的动物眼中的世界到底什么样。但通过对它们的**眼睛的研究**，我们还是发现了很多神奇之处。

　　"复眼"，想必是好多小眼睛合成一个大眼睛。那它怎么看东西呢？

　　　　　　　　　—— 部编版小学语文课本，三年级（下）

　　　　　　　　　　　　　《昆虫备忘录》

复眼看到的世界

复眼小的昆虫往往不会飞，或者飞得慢

　　地球上，种类和数量最多的动物就是昆虫了。昆虫的眼睛主要分两种：**单眼和复眼**。单眼结构简单，只有一个水晶体，一般只能感知环境的光线的强弱，不能分辨颜色，无法形成清晰的图像。而复眼的结构复杂一点，是由几个到几万个小眼组成的。近距离观察蜻蜓的复眼，我们会发现上面密布着一个个六边形的**小鼓包**，每一个小鼓包就是一个小眼。

　　那蜻蜓的复眼看到的世界究竟是什么样子的呢？小眼的结构简单，每一个小眼接受的光线不过是物体上的一个点，就像屏幕的一个**像素点**一样。昆虫的神经系统将每个小眼接受的光点拼合在一起，就形成了影像。小眼越多，"像素点"就越多，

复眼大的昆虫
往往是飞行高手

看到的影像范围就越大，也越清晰，越接近
于真实的图像；小眼少，看到的图像就会像
打了马赛克一样，模糊不清。

在昆虫中，复眼最发达的就是**蜻蜓**了。一对蜻蜓复眼约由
28000 个小眼组成，头的一半基本上都是复眼。这么大的复眼，
使得蜻蜓的视野范围很广，除了头正后方，其他方向都能看见。
并且，蜻蜓的图像处理速度特别快，大约是人类的 6 倍。这让空
中的那些敏捷的飞虫的行动，在蜻蜓眼里成了**慢动作**。蜻蜓之
所以被称作昆虫里的空中猎人，跟它发达的复眼是密不可分的。

昆虫眼中的世界
可能是这个样子的
→

我是蜻蜓。

放大了看我长这样。

"看"到红外线

有些光是人类看不到的，比如**紫外线**和**红外线**。蜜蜂可以看到紫外线，而有些蛇类，比如响尾蛇，则可以"看到"红外线，确切地说，是可以感觉到鸟类和哺乳动物因为恒定的体温而散发的红外线。响尾蛇并不是用眼睛来感受红外线的，它用眼睛只能看见比较模糊的影像，是个深度近视眼。负责感受红外线的是口鼻附近的颊窝，那里有一对红外线**"探测器"**。

响尾蛇属（*Crotalus*）

北美洲大陆特有的蛇类，总共有 30 多种。响尾蛇每蜕一次皮，都会把尾巴尖上的一小段皮保留下来，几次之后，这里就会积累起来一串皮环，急剧摇晃时能发声，因此称"响尾"。

白天，响尾蛇既看不清周围的环境，也会因为太阳的干扰而不能精准探测红外线，就如同盲人一般。但到了晚上，响尾蛇的红外线探测器就恢复正常了，只要是有体温的生物就逃不过它的探测，通过红外线，它能"看"到环境中所有生物的**热成像**——外形、体形、一举一动，尽收眼底。是猎物还是"猎人"，响尾蛇这时可以做出准确的判断。

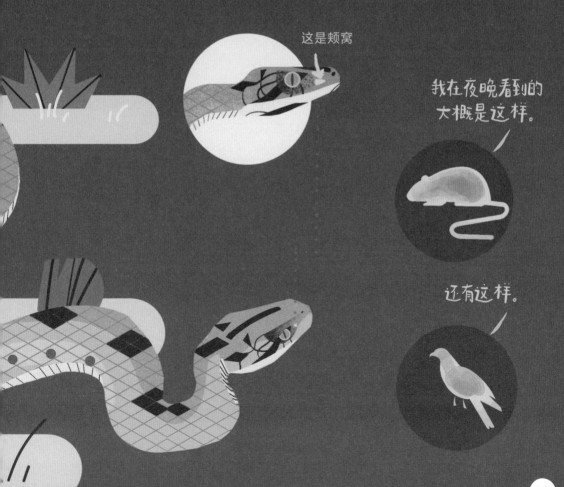

这是颊窝

我在夜晚看到的大概是这样。

还有这样。

猎手的眼睛

　　当然，在夜晚，不是所有动物都靠红外线"探测器"看清事物影像，也有些动物能用眼睛看清物体。猫喜欢在夜间捕猎，在光线极暗的环境中行动自如，这得益于它有一双能聚集环境中微弱光线的眼睛。猫的眼睛里，有一层"**照膜**"，它位于视网膜（眼睛中负责接收图像的部位）的后面，有着非常强的反光能力。我们晚上用灯去照猫的眼睛，就能看见照膜反射出来的光，猫眼在夜间闪闪发光就是这个原理。光线进入猫的眼睛里，通过视网膜后，被照膜**反射**回来，就使得视网膜第二次接收到这股光线，让猫在夜晚看得更清晰。再加上猫的瞳孔在黑暗中会放大，可以收集更多的光线，所以只要光强度达到人类的六分之一，猫就可以看得很清楚。

　　除了可以在光线很暗的夜晚看清，猫眼还有另外一项本领：

测距。测距对于伏击型食肉动物来说很重要，可以帮助它们决定需要扑出多远就可以抓到它的猎物。猫看到的影像是立体的，越小的瞳孔提供的图像越清晰，立体感也越好。但是判断距离时，张大瞳孔却更有利，这时看到的主要对象清晰，而前景背景却模糊，这种图像更能看出距离感。

但是要同时实现这两种功能，猫就需要同时使用**小瞳孔**和**大瞳孔**，这让猫很为难。于是，猫的瞳孔演化成了竖直的狭缝形，这种形状使瞳孔在水平方向上变小，在竖直方向上变高变大，可以同时保证图像清晰和测距准确。所以如果你家的猫眼睛眯成了一条竖缝，一个原因是光线太强烈，还有一个就是它在准备伏击它的猎物。

猎物的视觉

大自然是神奇而且公平的，它给了一些捕食者竖直狭缝形的瞳孔，也给了被捕食者与之抗衡的武器。人们观察羊和马发现，它们的瞳孔是**水平的长方形**，就是一道横杠。羊的两只眼睛分别长在了头的左侧和右侧，并不是像猫和人类一样，长在头的前部平面上。这样的眼睛位置和瞳孔形状使得羊可以随时扫描自己身边的大部分角度，尽早发现潜伏的捕食者，快速逃脱。

羊的眼睛还有一个神奇之处。我们都知道，一天中的大部分时间里，羊都在低头吃草。当羊低头时，它的眼球可以像**水平仪**一样滚动，使它的瞳孔始终与地面平行，保持最佳的视野。而这种眼球的水平调节功能也适用于在不平坦的地面上行走，这也许就是山羊在崎岖的山路上如履平地的原因之一吧。

我好像看到了一头狼。

声音的多种形态

在眼睛看不到的地方，动物依靠声音来感知周围发生的事情。声音的本质是**物体的振动**向远处传播——通过气体、液体或者固体媒介来传播。既然是振动，那就有**频率**高低之分。频率越高，也就是振动得越快，音调就越高，听起来更尖锐；反之，则音调越低，听起来更低沉。但过于尖锐和过于低沉的声音，人是听不到的，因为人的耳朵可以感知的声音频率是有一个范围的，超出这个范围的声音人类是听不到的，其中频率高于20000赫兹的叫作**超声波**，频率低于20赫兹的叫作**次声波**。

不同动物可感知的声音频率范围各不相同，有些动物能听见超声波，有些动物能听见次声波。一言以蔽之，动物能听到的声音，和人类不一样。

后来，科学家经过反复研究，终于揭开了蝙蝠能在夜里飞行的秘密。它一边飞，一边从嘴里发出超声波。而这种声音，人的耳朵是听不见的，蝙蝠的耳朵却能听见。超声波向前传播时，遇到障碍物就反射回来，传到蝙蝠的耳朵里，蝙蝠就立刻改变飞行的方向。

—— 部编版小学语文课本，四年级（上）
《夜间飞行的秘密》

蝙蝠的声音世界

正如课文中所说，蝙蝠靠超声波的**回声**来探知周围的环境。它们从口中发出超声波，等超声波碰到某个物体——障碍物、猎物或者捕食者等，反射回来，形成回声，通过对回声的分辨来得知这些物体的位置和具体形状。

为什么一定要用**超声波**，而不是次声波，而且也不是人类能听到的声音？这是因为超声波独有的特性。因为音调高，所以超声波在传播过程中音量减小得比较快。可以想象，当一只蝙蝠发出的超声波遇到一个**凹凸不平**的物体时，它的一部分会先碰到凸出的部分，被反射回来，那么这部分超声波传播的距离就短一点；而另一部分超声波则会碰到凹陷的部分，再反射回来，这部分超声波传播的距离就长一点。就是这一长一短的差距，以及超声波音量减小快的特性，让反射回来的声音音量有了一定的差别。

蝙蝠的**耳朵**是一部极为灵敏的精密仪器。首先，**富有褶皱的超大耳郭**能够高效地接收声音，聚拢音波。而对于超声波细微的音量变化，蝙蝠能够轻易地察觉，并对其中的信号做出分析和判断。由超声波提供富有细节的声音信号，再加上能够充分解读这些信号的耳朵，蝙蝠便可利用回声精确定位，精确到可以分辨出一堵砖墙上面的砖缝。蝙蝠在黑夜里"**看**"得比我们还清晰。

蝙蝠耳朵的本领其实还不止于此。人类因为听不到，所以对超声波没有概念。实际上很多蝙蝠发出的超声波音量极大，就像是有人对着你的耳朵发出声嘶力竭的足以损伤你听力的尖叫。为了避免自己震聋自己，蝙蝠的耳朵和喉咙之间形成了完美的配合联动。每次发出超声波之前，蝙蝠中耳部位的**肌肉**会提前 0.006 秒收缩，让中耳的三块骨头分开，把声波"让"过去，防止损伤。而在回声返回之前，这三块骨头又早已恢复原状，准备接收清晰的声音信号了。

我听到前面树叶上有只蛾子！

我的“耳朵”长在胳膊上

提起“蝈蝈”，相信很多人都非常熟悉。为了**求偶**，这些身强力壮的昆虫会摩擦翅膀，发出悦耳的叫声，“蝈蝈”这个名字也因此而来。在北京等城市，蝈蝈曾经是非常流行的宠物；直到今天，它在琳琅满目的宠物市场上也仍然占有重要地位。

蝈蝈的大名叫作**优雅蝈螽**，是螽斯这个庞杂多样的昆虫类群的一个代表。大多数种类的雄性螽斯都会鸣叫，而为了听到这个叫声，螽斯们也长了相应的“耳朵”。严格来说，昆虫没有真正的耳朵，它们用来听声音的器官叫作**听器**，不同昆虫的听器长在各种不同的让人匪夷所思的地方。

现在
蝈蝈儿就在自己地里叫，
他想招呼从地头路过的那个孩子：
“快去逮吧，你听，叫得多好！”

——部编版小学语文课本，六年级（上）

《三黑和土地》

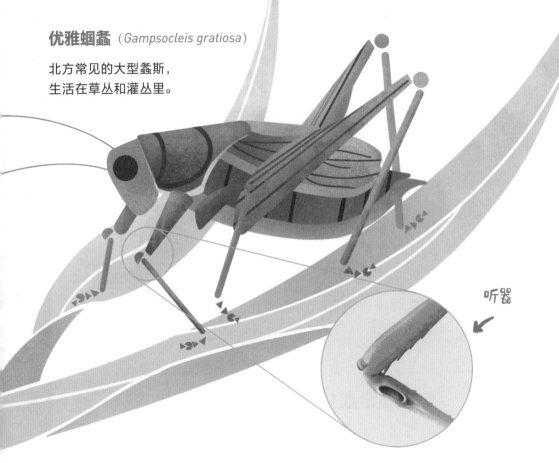

优雅蝈螽（*Gampsocleis gratiosa*）

北方常见的大型螽斯，
生活在草丛和灌丛里。

听器

螽斯的听器长在前足的第 4 节（**胫节**）基部，让这里看起来像是镶了一面小镜子。虽然本质上不是耳朵，但听器与人的耳朵有异曲同工之妙。它的外面蒙着一层鼓膜，鼓膜下面就是一个小**空腔**，空腔深处又连接着听觉神经。声音传来时，带动鼓膜振动和空腔共鸣，这个信号再被听觉神经一路传递到大脑，螽斯就这样听到了声音。

螽斯的听器不仅可以用来听"情歌"，还能监听环境中的各种**信号**，比如它们的重要天敌蝙蝠发出的超声波。一旦听到超声波，雄螽斯就会停下来，等环境安全，再重新开始鸣叫。

低沉的私密频道

超声波能够提供丰富的信息细节，**次声波**也有自己的独到优势。声音的频率越低，在传播过程中，音量损失就越小，也就能传播得更远，这有利于很多庞大而行动缓慢的动物进行远程交流。

非洲森林象就很喜欢用次声波交流。科学家们记录下了这些次声波的曲线，将音调调高后播放，听起来就像是我们合上嘴巴，含住半口空气，缓慢振动声带的声音。在**非洲热带森林**中，茂密的树叶会一层层地阻挡声波的传递，而森林中的鸟儿、猴子和昆虫的声音，又平添了很多嘈杂。只有次声波，才能穿透这一层层阻挡，并在各种杂乱的声音中被准确分辨，还能不被大多数其他动物听到。这样，非洲森林象就为自己开辟了一个专属的**电波频道**，比用电台和收音机交流还方便。这样的次声波能传播至少两三千米远，大象们没等见到面，就知道

我马上通知其他象！

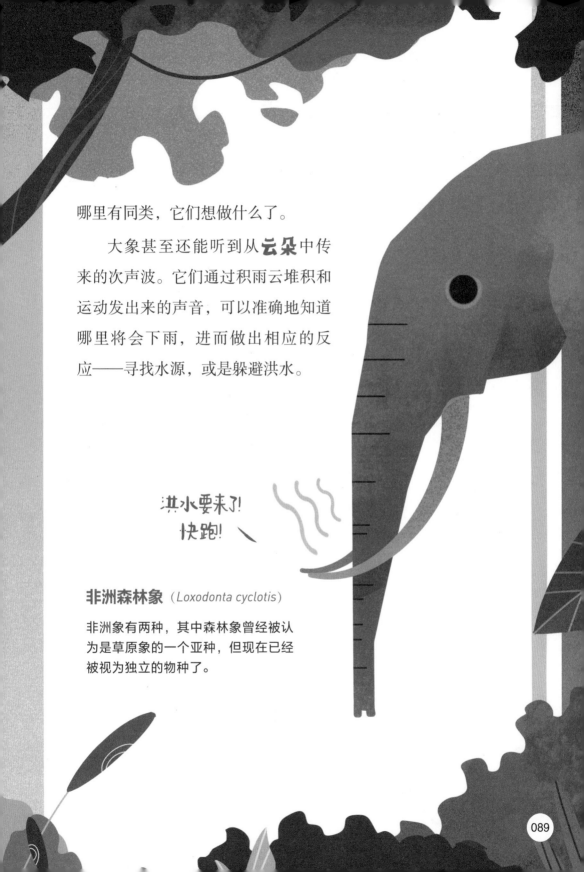

哪里有同类，它们想做什么了。

大象甚至还能听到从**云朵**中传来的次声波。它们通过积雨云堆积和运动发出来的声音，可以准确地知道哪里将会下雨，进而做出相应的反应——寻找水源，或是躲避洪水。

洪水要来了！
快跑!

非洲森林象（*Loxodonta cyclotis*）

非洲象有两种，其中森林象曾经被认为是草原象的一个亚种，但现在已经被视为独立的物种了。

动物是如何触摸东西的?

触觉,恐怕是动物的所有感觉里最迟钝的一种,必须靠近到零距离才能感受到。物体是冷还是热,是光滑还是粗糙,是锋利还是粗钝,摸一下才能知道。但是,对于很多结构简单的动物来说,触觉甚至是它们**仅有**的感觉。而在结构相对复杂的动物身上,触觉能够提供的信息也远超我们的想象,甚至可以成为一门简单的**语言**。

这时,奶酪旁边只有蚂蚁队长,它要是偷嘴,谁也看不见。它低下头,嗅嗅那点儿奶酪渣,味道真香!可是,它犹豫了一会儿,终于一跺脚:"注意啦,全体都有。稍息!立正!向后——转!齐步——走!"

—— 部编版小学语文课本,三年级(上)
《一块奶酪》

蚂蚁队长的号令

昆虫的**触角**是一个多功能的感觉工具，它拥有触觉、嗅觉、听觉和感光的功能。螳螂、蟋蟀的触角像一根柔软的丝线，这是昆虫触角的基本款。昆虫通过来回摆动触角感知信息。而蚂蚁的触角和大多数昆虫的不一样。它的触角像是一根多节棍：第一节很长，像一根细细的拂尘柄；其余节则很短，紧密排列在一起，没法做出很大的弯曲；第一节和其余节之间，形成了一个胳膊肘一样的关节，这是触角中间唯一可以灵活转动的地方。这样的触角，被昆虫学家形象地称为**肘状触角**。

肘状触角像人的胳膊一样，操作起来十分灵便。试想下，如果把你的胳膊换成两根随风飘舞的丝带，你还能准确地用手抓住面前的蛋糕吗？只有形似人类手臂的结构，才能让触角做到真正的指哪儿摸哪儿，又快又准。正因如此，在漆黑的蚁穴里，蚂蚁也可以准确地探知周围的事物。更重要的是，蚂蚁之间的准确触碰可以输出复杂的信号，构成**触觉语言**。

快点跟上！

蚂蚁的交流涉及化学气味、声音等多种信号，触觉也是其中之一。人们常看到两只蚂蚁在一起面对面地碰触角，在这个过程中，它们交换了大量的**信息**。这很可能是一个复杂的语言系统，科学家对它的了解还只是冰山一角。已知的一些动作的含义就已经很有意思了。比如，两只蚂蚁在一起用头互相蹭来蹭去，其中一只就会吐出刚刚吃下的食物喂给对方。再比如，蚂蚁有一种**老师**领着学生走的行为，一只蚂蚁走在前面，带着它的"学生"去往食物来源之类的地方。在这个过程中，学生会紧跟老师，边走边用触角触碰老师的后足，这个动作的含义就是"老师，我跟上了"。一旦触碰后足的行为停止，老师就感觉不对劲儿了，它会回过头来寻找："我的学生跑到哪里去了？"

我跟上了！

蚂蚁触角特写

海牛属 (*Trichechus*)

海牛属总共有三种海牛。它们
生活在热带地区的浅海，以海
藻等水生植物为食。

前面有一大片水草！

隔空触物

　　不知你是否能想到，动物中**触觉最敏感**的，竟然是一群看
似皮糙肉厚、憨头憨脑的家伙——过着与世无争生活的海牛。只
需要待在水里，不用真正碰到任何东西，海牛就能知道自己的周
围有什么——是海草、礁石，还是红树的根、人类的船。

　　如此神奇的事情的原理在于**水流的细微变化**。所有天然水
体，无论是池塘还是江河，即使表面看上去平静，底下的水也流
动不息。而如果水里有什么东西，水流的方向和速度就会改变。
举个最简单的例子，如果河流的水面下有一块大石头，即使你没
法看到它，你也能通过水面的变化知道它的存在——水面会先向

下陷，接着激起一个浪头。只不过，大多数物体对水流的干扰十分细微，我们人类是感受不到的。

但是海牛可以，这个本领来自它们的**体毛**。海牛的身体表面分布着很多细小的毛，脸上尤其浓密，这些毛的学名叫**触须**。猫的嘴巴两侧用来测量距离的胡子也属此类，但海牛的触须显然比猫的胡子更加灵敏。即使水挪动了区区 1 微米，海牛的触须也能敏锐地察觉到。正因如此，海牛甚至能够通过对水流的感觉，知晓水中物体的表面质感。于是，摇摆的海草、爬行的螃蟹、游动的鱼儿、静止的红树根……所有这一切就通过水流，在海牛身边构成了一个复杂的**信息网**，让视力很差的海牛能够准确感知周围的一切。

蜘蛛的毛不是白长的

萨氏浪蛛 (*Cupiennius salei*)

一种来自拉丁美洲的游猎蜘蛛，关于蜘蛛触觉的研究，大多都是在这种蜘蛛身上进行的。

毛点毛

很多人怕蜘蛛是因为它们浑身是毛的质感。蜘蛛对此表示很无奈，因为对于它们来说，每一根毛都是有意义的。

应该说，蜘蛛的世界并不辽阔，即使动用包括视听在内的全部感官，它能感知到的范围也不过方圆几米。但在自己能够触及的范围内，依靠浑身上下的毛，蜘蛛能够准确地"摸"到周围世界的形状和风吹草动。

在蜘蛛身上，一些毛的功能非常明确。比如足的上表面生长的"毛点毛"，它们细长、飘逸，而且两侧有很多短分支，可以增大与空气的接触面积，专门用来感知空气的流动。研究表明，它们可以感受到速度低至 0.15 毫米 / 秒的微风（如果这也能叫风的话）。而位于足的各个关节附近的毛，则具备"自体感受"功能，它们负责感知肢体方位，也就是各个足摆动到了什么位置，各个关节弯曲到了什么角度。

除此之外，蜘蛛的步足和触肢，尤其是侧面和下表面上，还生长着很多毛。它们形态各异，有长有短，有粗有细，有些直立，有些倾斜。这些毛大多数的根部连接着神经细胞，有些连着三个，有些连着一个。毛一旦受到应力产生弯曲，就会有神经信号传递到蜘蛛的神经中枢去。关于这些形态各异的毛各自的具体作用和如何分工，人类还知之甚少。但我们至少知道，在不同肢体的不同表面，它们有着不同的分布格局；知道在它们复杂的协作下，蜘蛛可以感知到微米级的地表震动，还有纳米级的体表压迫。

突然，我的猎狗放慢脚步，悄悄地向
前走，好像嗅到了前面有什么野物。

——部编版小学语文课本，四年级（上），
《麻雀》

嗅觉与味觉

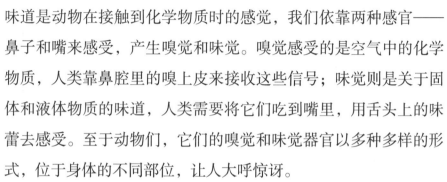

香味臭味奇怪味，咸味甜味苦涩味——"**味**"是什么？本质上，味道是动物在接触到化学物质时的感觉，我们依靠两种感官——鼻子和嘴来感受，产生嗅觉和味觉。嗅觉感受的是空气中的化学物质，人类靠鼻腔里的嗅上皮来接收这些信号；味觉则是关于固体和液体物质的味道，人类需要将它们吃到嘴里，用舌头上的味蕾去感受。至于动物们，它们的嗅觉和味觉器官以多种多样的形式，位于身体的不同部位，让人大呼惊讶。

化学物质能够带来丰富的**信息**，里面可能包含食物、水源、配偶呼唤、危险靠近等内容。比如，食物当中的苦味往往意味着食物有毒，甜味对人类来说则是高热量食物的代名词，而空气中的臭味，则经常意味着附近有动物尸体或粪便等，上面滋生的大量细菌能够导致疾病，是健康的重大威胁，赶紧离这里远点。

长在嘴里的"鼻子"

大多数动物用鼻子来感受气味，但蜥蜴不在此列。蜥蜴感受气味的主要结构叫作**犁鼻器**，这个结构在爬行动物中尤为发达，它不与鼻腔相连，而是直接与口腔相通。蜥蜴对嗅觉的体验还需要**舌头**来共同完成。它通常会用舌头收集空气中的分子，舌头缩回口腔时，就会将这些收集到的东西输送到位于上颌的犁鼻器中。犁鼻器上面排列着感觉细胞，这些感觉细胞会把脉冲发送到和鼻子关联的大脑区域中。因此，如果你看到蜥蜴正在**吐舌头**，它并不是在装可爱，也不是在做鬼脸，只是正在收集空气中的气味物质。

细心的你可能会发现，有一些蜥蜴的舌尖是**分叉**的，如圆鼻巨蜥。这是为了给气味**定位**，比如可以告诉

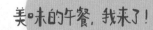

美味的午餐，我来了！

它"现在有一只香喷喷的老鼠在左边"。蜥蜴的舌头在采集气味物质的时候，会尽量将两个舌尖分开，使它们能够同时从两个相距较远的位置对气味物质进行取样，然后每个舌尖各自独立地将气味分子传递给犁鼻器，帮助大脑快速评估哪边的气味更强烈，从而更准确地确认**气味来源**的位置。

圆鼻巨蜥（*Varanus salvator*）

东南亚常见的巨蜥，中国南方也有分布。

靠鼻子觅食的鸟

鸟类的捕食方式各有不同。翠鸟在白天捕猎，凭借敏锐的视觉可以迅速找到在水中快速游动的小鱼；有些猫头鹰在晚上觅食，其通过声波定位找到猎物。但是一些吃**动物尸体**的鸟类，比如说红头美洲鹫，它的食物既不会动，也不能发出声音，那要怎样去寻找呢？这就要靠它们灵敏的嗅觉了。作为鸟类，虽然没有人类那样显眼高耸的鼻子，只有**喙**上面的一对裸露的鼻孔，但红头美洲鹫的嗅觉却相当惊人。

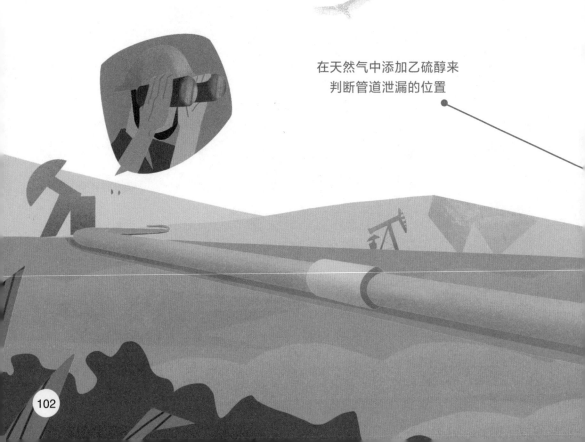

在天然气中添加乙硫醇来
判断管道泄漏的位置

脊椎动物脑中负责处理嗅觉的区域叫作**嗅球**，红头美洲鹫的这个区域是鸟类中最大的，此外它们还拥有大大的鼻孔空间，这就形成了一个高度敏感的嗅觉系统，使得它们在茂密森林上空盘旋觅食时，即使视线被遮挡，也可以通过气味来锁定食物。美国联合石油公司还曾利用它们的这一特性，在天然气中添加**乙硫醇**来判断石油管道泄漏的位置。乙硫醇是一种腐肉常会散发出的臭味物质，会吸引红头美洲鹫前来。因此，看见红头美洲鹫在哪里**盘旋**，哪里的管道多半就有问题了。

红头美洲鹫 (*Cathartes aura*)

虽然同样以腐肉为食，但美洲鹫并不属于我们熟悉的秃鹫，而是自成一类，只分布在美洲。

鲇鱼的胡子有乾坤

　　市场上最容易辨认的一种淡水鱼应该就是**鲇鱼**了，它们嘴巴外面长长的胡子（须）实在太具有标志性了。对于鲇鱼来说，这些**胡子**可不仅仅是摆设，而是适应环境的一个很重要的工具。按照水生生态学的划分，鲇鱼属于**底栖鱼类**，而且是底栖中的底栖。它们紧贴着水底游动，那里的水浑浊不堪，虽然鲇鱼的视力不算弱，但在一片污浊中，还是没法很好地看清周围的环境。

这时就要靠**胡子**啦。一方面，长长的胡子可以触碰四周；另一方面，胡子上面分布着大量的**味蕾**。这些胡子能够准确探知非常细微的味道。不仅如此，鲇鱼就连身体上也有味蕾，全身上下加起来超过 100000 个，最大的鲇鱼甚至有 175000 个之多，远远多于人类口腔中的大约 9000 个味蕾。因此，鲇鱼可以说是世界上味觉**最灵敏**的动物了。发达的味觉不仅能帮助鲇鱼感知食物的存在，甚至可以精确定位到食物所在的**位置**。

鲇科（Siluridae）

鲇科的诸多物种统称为鲇鱼，比较出名的有土鲇、欧洲六须鲇等，它们的生活方式大同小异。

前面有小鱼！

脚底"尝"味

　　昆虫感觉器官的位置总是超乎人的想象，"耳朵"可以长在足上，"鼻子"可以长在触角上。而说到果蝇，它们用来感受味道的器官，竟然长在"**脚底**"。昆虫足的最后几节，也就是直接着地的那一节，叫"**跗节**"（由多个小节组成）。因此确切地说，果蝇的跗节下面长了很多**味觉感受器**。这些感受器和味蕾不同，

黑腹果蝇（*Drosophila melanogaster*）
果蝇有很多种，被人类研究最多的就是这种。

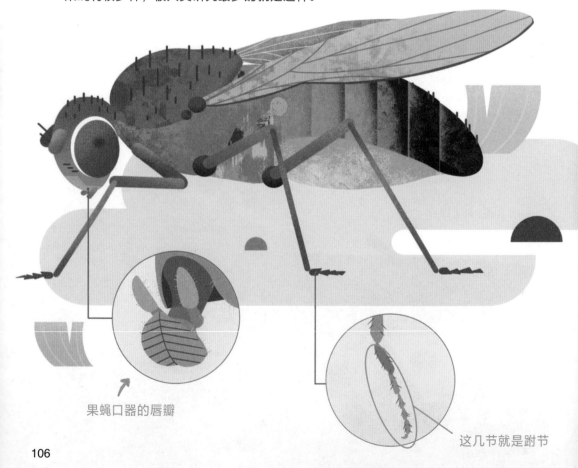

果蝇口器的唇瓣

这几节就是跗节

它们是刚毛状的，末端有一个小开口，里面有 4 个神经细胞。产生味道的分子会从小开口进去，刺激那些神经细胞产生神经信号。平均每个足的跗节下面，长有 30 多个这样的味觉感受器。

于是，果蝇只需要落在某个地方，就能感受到这里的味道是不是来自安全食物的味道了。先来一层初步筛选，不必把食物吸进去尝一尝，这一定程度上提升了果蝇进食过程的**安全性**。不过，这并不意味着果蝇只有脚底才能品尝味道。初步确定食物能吃之后，果蝇会把自己口器末端扩大的部分——**唇瓣**贴上去，那里分布着三种形态各异的味觉感受器，进一步品评食物的味道。而最后一道安全关卡在从口器通往消化道的半路上，那里还有少量的味觉感受器，等着给吸进来的食物做最后一轮检查。

除了确定食物的安全外，身体各处的味觉感受器还能帮果蝇做很多事情。雌性果蝇的**产卵器**上的味觉感受器可以帮助它们在产卵的时候通过味觉来找准位置，确保把卵产在微微腐烂的果肉里。雄性果蝇前足跗节下面的味觉感受器比较多，有 50 多个，这是用来探测雌性留下来的接触型**性外激素**的。性外激素是昆虫用来吸引异性伴侣的化学物质，它们有些会挥发到空气中，需要用嗅觉器官来感受；另一些则不会挥发，而是被留在物体表面，需要用味觉器官去感受，这便是接触型性外激素，雌性果蝇经常在一些地方留下它。雄果蝇前足跗节下面有了更多的味觉感受器，就能更敏锐地觉察到雌果蝇留下的痕迹，然后积极地去寻找配偶了。

使用工具很难吗？

"人与动物的区别是人会使用工具！"我们常常听到这样的说法。人类习惯性地带着无上的智力优越感看待一切动物，但事实上，其他动物虽然没有人类聪明，却也并没有人们想象的那么笨。就拿与人类亲缘关系最近的**黑猩猩**来说吧，这类聪明的动物会用树枝钓白蚁，会用叶子当勺子来舀水喝，也会用树枝当牙签，来给同伴剔牙。

而语文课本中的经典课文《乌鸦喝水》，可能是人们最熟悉的关于动物**使用工具**的故事了，它不仅仅是一则寓言，还是一个真实的**科学现象**——科学家的确发现过一些鸦类有这样的行为。这启发了科学家们去探索更多动物的智力和对工具的使用。

乌鸦把小石子一颗一颗地放进瓶子里。瓶子里的水渐渐升高，乌鸦就喝着水了。

—— 部编版小学语文课本，一年级（上）
《乌鸦喝水》

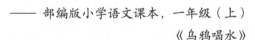

露兜树
叶子的边

看我的工具多厉害！

乌鸦钓手

　　鸦科是一个大家族，有很多会使用工具的高智商成员，比如喜鹊、乌鸦和松鸦。在这方面做得最好的是**新喀鸦**：为了从树干中吃到喜爱的虫子，这种海岛乌鸦学会了将小树枝做成灵巧的工具。

　　新喀鸦会使用两种不同的工具：一种是选取树枝的小杈处进行修整，一侧留出长柄，另一侧则剪得很短，然后反过来用，这样小树杈就像**钩子**一样；另一种是将露兜树叶子的一侧边缘剥下来，这种叶子的边缘天然排列着尖锐的倒钩。将这些工具探进树干上的**小蛀孔**，新喀鸦就可以将里面肥美的肉虫子钩出来，美餐一顿。无论是对材料的甄选和修理，还是对钩子的使用，都可看出新喀鸦在会使用工具的动物中，技术十分先进，独树一帜。在人类中，这几点特征出现在早期智人身上。作为一种鸟，新喀鸦使用工具的能力已经能和旧石器时代中期的**智人**相匹敌了。

关于新喀鸦为何更擅长使用工具，目前还没有定论，有科学家认为可能与它们在岛上生活有关。相比于大陆，岛上食物资源更**稀缺**，生活环境也更恶劣。这就要求小小的"居民们"要更加积极开动脑筋，去应对更大的挑战了。

新喀鸦 (*Corvus moneduloides*)

主要生活在南太平洋新喀里多尼亚岛的一种乌鸦。

过修剪的
小树杈

我的工具
也很厉害！

使用工具不是脊椎动物的专利，就连一些无脊椎动物也算具备这样的本领。要说无脊椎动物中谁最聪明，**章鱼（蛸）**绝对是公认的，而章鱼中也确实涌现出了一类工具使用者。**条纹蛸**是人们最早发现的会使用工具的无脊椎动物，这类章鱼会利用一些壳状的物体作为自己的**庇护所**，这里面包含完全天然的

这个壳是我的新家！

条纹蛸（*Octopus striolatus*）

热带地区的一种章鱼，
中国的南海中也有分布。

物体——大贝壳，也包含人类微加工的半天然的物体——人类丢弃的椰子壳，甚至还包含完全人造的物品——海洋垃圾中的塑料杯、搪瓷碗等。

这并不是躲进一块倒扣的椰子壳下面那么简单，条纹蛸会去主动搜集**遮蔽物**，而且一定要是两块，比较典型的就是两块贝壳。条纹蛸用左右两侧的腕足各吸住一块贝壳并将其合在一起，包住身体，这样就将自己隐藏了起来。这不仅能用来躲避敌害，还能让周围某只倒霉的小螃蟹放松警惕，成为条纹蛸的美食。

条纹蛸对遮蔽物的使用是非常灵活的。它们不会固执地使用同一副遮蔽物，而是就地取材，根据实际情况而更换。捕猎的时候，它们可以离开庇护所，在海底"**裸奔**"。而在迁移的时候，它们有时也会将遮蔽物卷在腕足下面带走。这个动作只需要用到六条腕足，因为另外两条腕足正在走路呢，活像一个人抱着两个大脸盆。

石器时代的开拓者

对于以智力见长的灵长类动物们来说，会使用工具就不足为奇了。在会使用石器的灵长类动物中，最原始的是**卷尾猴**，它们来自南美洲，比欧亚非三个大洲的猴子和猿类都更加原始。但即便如此，卷尾猴还是随着时间的推移和演化的进行在不断发展着自己的智力。大约 2400~3000 年前，一些种类的卷尾猴开始学会了制造和使用**旧石器**（通过敲打形成的是旧石器，通过磨制形成的是新石器）。虽然晚于人类的祖先，但这对于猴子来说，已经是一项不小的成就了。

卷尾猴主要生活在南美洲比较干燥的地区。那里水果不多，更多的是坚果、昆虫和植物的地下根茎等。这些就是卷尾猴赖以生存的食物，然而要获得这些食物它们也要花上一番力气。这些食物要么藏在坚硬的果壳里，要么埋在地下，要么就是躲在树干里。但卷尾猴有自己的 **"招数"**。

它们用石头来砸开坚果，吃里面的种子。不过使用石头可远没有听起来这么简单。合适的石头、合适的 **"工作台"**、砸的角度……这都是卷尾猴需要考虑的。问题似乎变得非常复杂，但卷尾猴可不会畏惧。它们非常有耐心，从试错中学习，在实践中熟练。通常精通这项技能需要三年甚至更长的时间。卷尾猴还能够根据果实的成熟程度调整自己的觅食策略，比如略青涩一些的果实，虽然更容易砸开，但它们还是倾向于使用更大的石头，这样就能更好地避免果皮中的腐蚀性物质伤到它们。

　　同时，卷尾猴还会用石头**掘开**土壤，挖掘富含碳水化合物的地下根茎吃。它们还用树枝蘸取白蚁和蜂蜜，以及驱赶自己的猎物使惊慌的猎物落入包围圈。关于卷尾猴使用工具的研究仍在继续，这些猴子几乎每一天都在给人们带来惊喜。

卷尾猴属（Cebus）

卷尾猴已知有 20 多种，其中很多成员被发现有使用工具的能力。

用石槽做碓窝，
防止坚果滚动

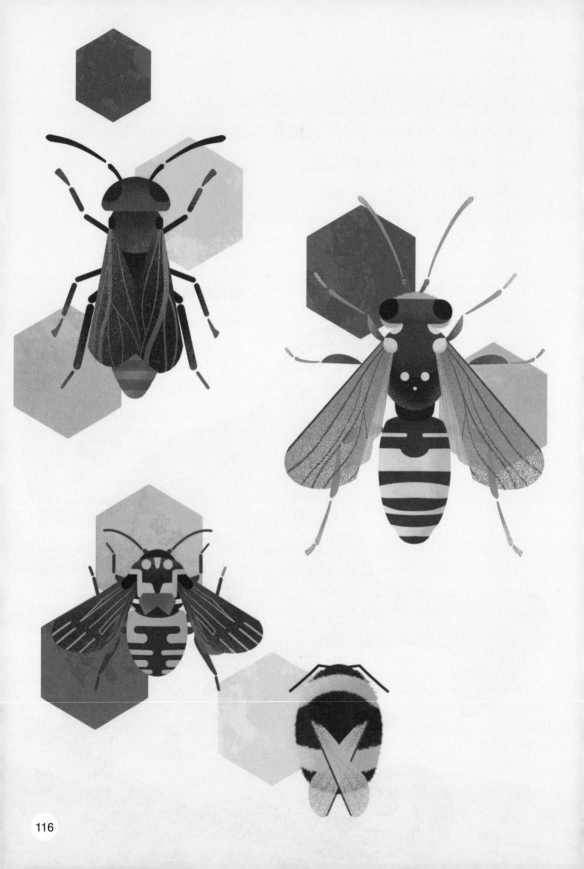

蜜蜂的教与学

像昆虫这样简单的小动物，它们的本领是否从出生那一刻就已经注定了？它们是否像是一个个写好的**电脑程序**，或者是机器人，只会按照一个固定的模式去应对大自然中的种种状况？事实不是这样的，很多昆虫**相当聪明**，甚至比鱼类和蛙类更聪明。它们具备一定的学习能力，能够从后天的生活经验中总结规律，让自己**趋利避害**。作为"聪明"的昆虫的代表之一，蜜蜂的学习能力引得人们进行了大量的研究。这也启发了我们：很多看似简单的生命体，它们的大脑也许比我们想象的复杂得多。

这样，二十只左右的蜜蜂，至少有十五只没有迷失方向，准确无误地回到了家。尽管它们逆风而飞，沿途都是一些陌生的景物，但它们确确实实飞回来了。蜜蜂靠的不是超常的记忆力，而是一种我无法解释的本能。

—— 部编版小学语文课本，三年级（下）

《蜜蜂》

巴甫洛夫的蜜蜂

苏联著名生理学家**巴甫洛夫**，创造了培养动物条件反射的实验方法。他总是在给狗喂食的同时摇铃铛，久而久之，狗一听到铃声就会流口水。同样的方法也被用在了蜜蜂身上。当人们最开始对蜜蜂的智慧感兴趣的时候，他们用这种"巴甫洛夫条件反射"实验，来测试蜜蜂是否能进行最简单的学习。

蜜蜂没有狗那么听话，所以科学家首先必须将它小心翼翼地绑起来。科学家用特制的装置，将蜜蜂的身体、六条腿和翅膀通通束缚住，这样蜜蜂就只有触角和口器可以动了。当你将糖水送到被"**封印**"住的蜜蜂面前时，它本能地知道那是糖水，于是将口器伸出来，想要去吸食。这是蜜蜂与生俱来的、机械的行为。

接下来才是有趣的地方。科学家不再用糖水直接去刺激，而是用仪器将蜜蜂平时不会接触到的**特殊化学气体**吹向它的触角，与此同时，他们将糖水送到了蜜蜂的口器前面，让蜜蜂伸出口器，得到甜蜜的奖励。这是一个训练的过程，如果蜜蜂真的会学习，那么久而久之，它们就会记住：这种气味等同于糖水。几十次的训练之后，当科学家再次将这种气味吹向蜜蜂时，果然大多数蜜蜂都自觉地伸出了**口器**——虽然这次并没有糖水被端到面前。

并且，和人类的学习一样的是，训练的次数越多，

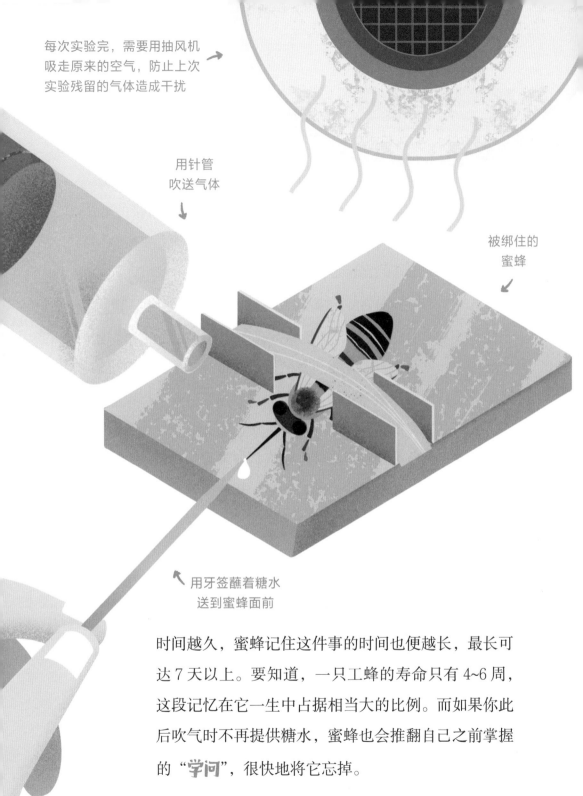

每次实验完，需要用抽风机吸走原来的空气，防止上次实验残留的气体造成干扰

用针管吹送气体

被绑住的蜜蜂

用牙签蘸着糖水送到蜜蜂面前

时间越久，蜜蜂记住这件事的时间也便越长，最长可达 7 天以上。要知道，一只工蜂的寿命只有 4~6 周，这段记忆在它一生中占据相当大的比例。而如果你此后吹气时不再提供糖水，蜜蜂也会推翻自己之前掌握的"**学问**"，很快地将它忘掉。

举一反三

巴甫洛夫条件反射实验（还有后文提到的选色训练），是人类在研究蜜蜂学习能力的初期，采用的比较简单直接的办法。但要想知道蜜蜂还能学会什么，能不能掌握一些更加复杂的技能，就需要更复杂的实验了。

有个实验是这样的。首先将受训的蜜蜂分成两组：**颜色组**和**条纹组**。对于颜色组，把蜜蜂放进一个 Y 形的迷宫里，蜜蜂往前一走，就会面对向左拐还是向右拐的选择。我们把一边的岔路贴上蓝色标签，另一边的岔路贴上黄色标签。每次把蜜蜂放进迷宫入口时，先给蜜蜂看一种颜色，黄色或者蓝色。如果看的是黄色，就在黄色的岔路尽头奖励糖水；如果看的是蓝色，就在蓝色的岔路尽头奖励糖水。这训练的是：和进门时看的颜色一样的地方有糖水。条纹组的基本方法相同，只不过黄色和蓝色被换成了黑白的横条纹和竖条纹。

结果，无论是颜色组还是条纹组，蜜蜂们的学习成果都非常惊人。

之后，科学家们将两组受过训练的蜜蜂**对调**，让颜色组去看条纹，让条纹组去看颜色。令人震惊的是，大多数的蜜蜂似乎都做到了**举一反三**。跟着进门时的颜色走，或者跟着进门时的条纹方向走。蜜蜂明白，道理差不多！

给蜜蜂先
展示的颜色 →

把蜜蜂放在
迷宫入口 ↙

毛茸茸的老师

比学习更厉害的是什么？是教会别人。而关于昆虫会不会教给同类一些事情的最有趣的研究发生在同属于蜜蜂科的**熊蜂**身上。在自然界中，人们发现，一只正在寻找花蜜的熊蜂很喜欢随大流，哪种花上同类多，它就也去访问哪种花。而当科学家把熊蜂们请进实验室时，又发生了什么有趣的事情呢？

科学家首先对一只熊蜂进行**自由选择行为**的训练——将熊蜂关进大塑料箱里，让它面对人造的花朵和人造的"花蜜"（依然是糖水）。在最简单的模式下，科学家会摆出两种颜色的假花，比如黄色和蓝色，然后在黄色假花里面装上糖水。接下来，关门放蜂，让熊蜂自由地选择花朵。随着学习的不断进行，熊蜂会发现黄色的花里有糖水，蓝色的花里没有，慢慢记住这个规律。到最后，它每次进入箱子都会直奔黄色花朵飞过去。

接下来，这只**毕业**的熊蜂将成为**老师**，虽然它并不知道自己正在传道授业。当熊蜂老师忙着选黄选蓝的时候，它的学生正在隔着一层透明的隔板观察着它的行为。学生是一只年轻熊蜂，从来没有出去采过蜜，人们选它是为了避免任何**后天经验**对实验的干扰。关于什么样的花才会让自己饱餐一顿，这是它第一次得到经验。观摩学习了一阵子之后，学生熊蜂被请进了塑料箱，这时老师早已下课休息去了。面对这次实习考验，学生会怎么选呢？

只见它毫不犹豫地朝着老师偏爱的颜色飞去了……

熊蜂属（*Bombus*）

全世界有 250 多种熊蜂，它们也有社会性，但社会结构比蜜蜂稍微简单一点。熊蜂是非常重要的野生蜂类，它们的传粉作用对于很多植物都是不可或缺的。

第4章
动物的生长发育

　　从出生，到幼年时期经受磨难，努力生存，再到终于成年，有了繁衍后代的能力，不同的动物选择了截然不同的成长方式。对一种动物的幼体来说，需不需要隐藏和保护，需不需要父母的照顾，这些问题都有答案。每一套答案的背后，都是动物的一整套生长发育的方式，而这种方式的存在，是为了适应这种动物所生活的环境。多数动物像人一样，从小人儿变成大人，也有些动物，在一生中经历了巨大的外形改变。

小蝌蚪游过去，叫着："妈妈，妈妈！"青蛙妈妈低头一看，笑着说："好孩子，你们已经长成青蛙了，快跳上来吧！"他们后腿一蹬，向前一跳，蹦到了荷叶上。

—— 部编版小学语文课本，二年级（上）

《小蝌蚪找妈妈》

小蝌蚪不必找妈妈

有一类动物的发育历程最为人们所熟知，它们从一只只小小的蝌蚪，慢慢长出四肢，变成成熟之后的模样——蛙、蟾蜍、蝾螈或者鲵等。水陆两栖的它们被称为**两栖动物**，而这种变化翻天覆地的发育形式，则被称为**变态发育**。

作为最早登上陆地的脊椎动物，两栖动物的身上有很多不完善的地方。它们的皮肤必须保持湿润，因此**不能离水太远**；它们的卵也离不开水，而且卵黄不够多，不足以供养胚胎彻底长大。

也许正是由于这样的先天不足，蝌蚪们只能从一出生便**自己照顾自己**。很多人认为，蝌蚪既不完全是一个胚胎，也没有完全发育成熟，而是介于两者之间的一种形态。它们是早熟的胚胎，还没有彻底发育好就孵化了出来，然后迫不得已地，同时也早有准备地开始了自力更生的生活。

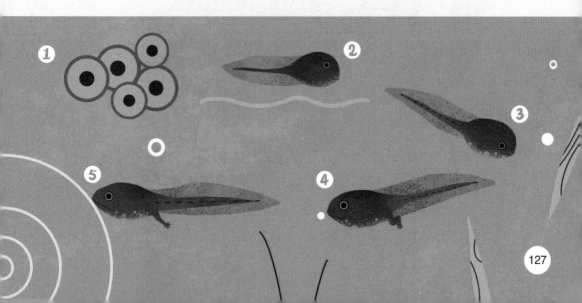

不只是没有腿而已

　　我们最熟悉的两栖动物莫过于蛙类，而最常见的也最具代表性的一种就是中华蟾蜍。刚孵化出来的中华蟾蜍蝌蚪，就像一条鱼。它们用**鳃**呼吸，完全不同于成为蟾蜍之后用肺和皮肤。蝌蚪身体的侧面还有类似鱼类的侧线，这是一个用来感受水的流动、振动和压力的器官。长长的尾巴上长着竖直的**鳍**，左右摆动就可以游动起来。它们平时看似缓慢悠闲，可一旦受到惊吓，爆发力超强，会猛地向前一蹿，然后钻进水底的沉积物里，凭借身体的

中华蟾蜍 (*Bufo gargarizans*)

广泛分布在中国各地，是最标准的"癞蛤蟆"，喜欢在夜间到岸上来活动。

128

颜色隐蔽起来。

中华蟾蜍蝌蚪最主要的食物是水底正在腐烂降解的植物残骸。越是小的时候，蝌蚪越喜欢大群地聚集在这些食物上面。蝌蚪的嘴巴长在头部下面，外面围绕着一圈坚硬的角质，可以当牙齿用。它们把嘴贴在食物上面，快速、小幅度地一张一合，将烂树叶等啃食进自己的肚子里。为了消化这样的食物，蝌蚪长出了长长的、盘卷的肠道，像一盘**老式蚊香**，将它们的肚皮翻过来时可以清晰地看到。

随着蝌蚪慢慢长大，原本柔软的身体里开始出现硬骨骼，然后先长出后腿，再长出前腿。与此同时，鳃和侧线逐渐退化，肺则逐渐发育起来，蝌蚪开始更加频繁地露出水面，用鼻孔将空气吸到自己的肺里。当四条腿都长出来时，嘴巴开始发生显著的变化，原本的樱桃小口向内吸收，下颌的骨骼则发育出来，**大嘴**出现了。与此同时，由于食性从吃素变成吃肉，肠道也变短了。随着尾巴逐渐缩短消失，一只真正的小蟾蜍便长成了。

我只吃素，长大了才吃肉。

鳃

大嘴

平衡器

我可不是
吃素的！

东方蝾螈（*Cynops orientalis*）

东方蝾螈是江南一带的池塘和水
田中常见的一种蝾螈，长着鲜艳
的红色肚皮。

吃肉的蝌蚪

　　两栖动物中的另一大类——蝾螈，它们的蝌蚪和蛙类的不太一
样。举个例子吧，东方蝾螈，它们的蝌蚪在刚刚孵化时就比较完好：
头的两侧各有三根**羽毛状的鳃**裸露在外，有不完整的前腿，没有
后腿，还有一条特别长的尾巴。作为一种生活在静水中的蝾螈蝌蚪，
它们头的两侧还有一对**平衡器**。平衡器能够防止刚刚孵化的蝌蚪
陷入水底的沉积物中，还能在腿彻底长好之前，帮助它掌握平衡。

　　最重要的是，东方蝾螈的蝌蚪刚一孵化出来，就拥有和成体
一样的大嘴，而不是蛙类蝌蚪那样的樱桃小口。因为从一开始，
它们就是**吃肉**的。各种各样的水生小虫是它们的最爱，这一点终
其一生也不会改变。正因如此，蝾螈蝌蚪在发育中经历的变化没
有蛙类那么剧烈。而随着前腿发育完全，平衡器也就失去了作用，
退化掉了。**尾巴不会消失**，只是尾鳍要逐渐缩小，直到几乎没有。
最后，在整个发育完成前，鳃很快地退化掉，肺则取而代之。这
时，蝾螈已做好爬上陆地的准备了。

从卵中孵化出的小蛙

凡事皆有例外，并非所有的蛙都是从蝌蚪变来的。还有很多种蛙从卵里一孵出来，就是一只四肢俱全的**袖珍小蛙**。

热带雨林里的蛙多是这种发育形式，云南和印度的雨林中生活的灌树蛙就是一个例子。它们生活在树上，产卵也在树上，离河流、池塘都很远。热带雨林经常下雨，因此卵不至于干掉，但也并不总有小水坑可供蝌蚪游泳和觅食。这可怎么办？为了适应这样的环境，它们决定，在卵里面**多包裹一些卵黄**，提供足够的营养，让胚胎直接发育成小蛙。这样一来，它们就不必冒着失败的风险去找水了。

灌树蛙属（*Raorchestes*）

顾名思义，灌树蛙不喜欢在水里游泳，而是喜欢生活在树上。

这回营养一定够了！

卵

袖珍小蛙

灌树蛙

昆虫的变态发育

　　除了找妈妈的小蝌蚪，还有一类动物的发育过程也被称为变态发育，那就是变成蝴蝶的小毛虫了。虽然从蝌蚪到青蛙和从毛虫到蝴蝶这两个过程在本质上并不相同，但它们毕竟都涉及一系列外形上的变化，动物长大前和长大后看上去大不一样。

　　而且这个过程的真实情况远比简单的"变态"二字要复杂。

　　时辰到了，它清醒了过来，再也不是以前那条笨手笨脚的小毛虫。它灵巧地从茧子里挣脱出来，惊奇地发现自己身上生出了一对轻盈的翅膀，上面布满色彩斑斓的花纹。它愉快地舞动了一下双翅，如绒毛一般，从叶子上飘然而起。它飞啊飞，渐渐地消失在蓝色的雾霭之中。

　　　　　　—— 部编版小学语文课本，二年级（下）

　　　　　　　　　　　　　　　　　　《小毛虫》

不太变态的变态

　　以蝗虫为代表，很多昆虫看上去小时候与长大后既相似，又有一些细节上的不同，这种情况被称为**不完全变态**。这样的昆虫一生经历卵、若虫（幼体）、成虫三个阶段。成灾时横扫一切的可怕蝗虫，刚从卵中孵化出来时也不过是个身轻体柔的小可爱，它还有个专门的别称：**蝗蝻**。刚刚孵化的蝗蝻，已经具备了蝗虫的基本体态和结构：分界明确的头胸腹三部分，头部有复眼、单眼、触角，还有更重要的，那就是与成虫相同的咀嚼式口器——不完全变态的若虫与成虫吃的是**相同的食物**；胸部的三对足全部到位，用来一蹦三尺高的发达后足已经粗具雏形。相比成虫，蝗蝻缺少的是用来飞行的翅和用来繁衍后代的生殖器官。

　　在接下来的生活中，小蝗蝻只有一个任务，那就是不停地寻

蝗虫

刚刚孵化的
一龄蝗蝻

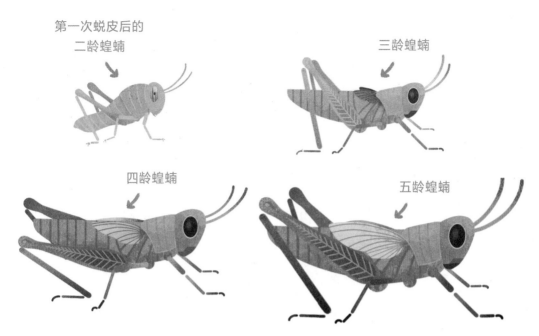

第一次蜕皮后的
二龄蝗蛹

三龄蝗蛹

四龄蝗蛹

五龄蝗蛹

找植物来啃食，填饱自己饥饿的肚子。当它吃到一定程度的时候，身体就会发出一个成长的信号。小蝗蛹就会找到一个安静的地方停下来，它的头顶到胸部中间会裂开一条缝，长大了一轮的蝗蛹蜕掉旧皮，从这个裂缝中间钻了出来。这便是所有昆虫，乃至蜘蛛、螃蟹、蜈蚣等所有节肢动物共同的成长方式——**蜕皮**。由于骨骼长在外面，昆虫无法像人一样逐渐长大，而是每积累到一定阶段就蜕皮一次，每次蜕皮后都会跳跃式地长大一圈。

随着进食和蜕皮的不断进行，小蝗蛹一次次长大，从第二次蜕皮后开始，它的背上开始出现两对扇子形状的小叶。这是**翅芽**，是尚未发育完全的翅，还不具备飞行的功能。第三、第四次蜕皮后，身体进一步长大，翅芽也越发扩大，蝗蛹的身体已经做好了一切准备，等着迎接"成年"以后的生活。终于，随着第五次蜕皮到来，羽化而出的成虫披上了完整的翅，装备了发育完全的生殖系统，准备开始完成成虫的使命——**迁移和繁殖**。

彻彻底底的变态

不同于蝗虫，以蝴蝶为代表的另一些昆虫将"变态"进行得更加彻底，这便是《小毛虫》中描写的现象：完全变态。蝴蝶一生要经过卵、幼虫、蛹和成虫4个不同的阶段。从卵孵化出来的幼体——毛虫——叫作**幼虫**，它的外貌看起来与蝴蝶八竿子也打不着。身体是一截胖胖的肉段，没有翅，没有复眼，胸部排列着三对短小而不分节的足，腹部还有几对肉足来帮助爬行。最重要的是，毛虫配备着**咀嚼式口器**，完全不同于蝴蝶脑袋下面盘卷的那根软管。大多数毛虫停留在植物上，啃食叶片；蝴蝶则飞来飞去，吸食花蜜等各种各样的液体食物。这是很大一部分完全变态昆虫的情况：幼虫和成虫口器不同、食谱不同、生活的环境也不同。

接下来，毛虫同样要进食和成长，要通过蜕皮来变得更大。在5次蜕皮之后，毛虫会进入完全变态昆虫独有的一个发育阶段：**蛹**。在叶子背面、树枝下面等隐蔽的地方，毛虫用丝将自己的尾尖粘住，或是用一束丝将自己拦腰兜住，进入不吃不喝不走动的状态。在外表的风平浪静下，蛹的内部发生着翻天覆地的变化，毛虫的身体被全盘"打散"，慢慢"重组"成了蝴蝶的身体。在这个过程

毛虫的咀嚼式口器

完成后，一只光彩夺目的蝴蝶就将撑破蛹皮，羽化而出，自由地飞翔在天地之间。

值得一提的是，"蛹"和"茧"并不能等同而论，蛹是虫子的本体，而茧则是毛虫在化蛹前，用丝在自己的身体周围织出来的**保护罩**。蝴蝶的幼虫不会做茧，而蝴蝶的近亲**蛾类**中，有很多成员具备这项本领。此外，完全变态类昆虫涵盖面很广，它们的蛹有很大的差异。蝴蝶和蛾子的蛹，从外面分辨不出头、口器和足，但在甲虫和蜂类等昆虫的蛹身上，头部、口器、六足、触角和翅芽，都是突出在外非常醒目的。

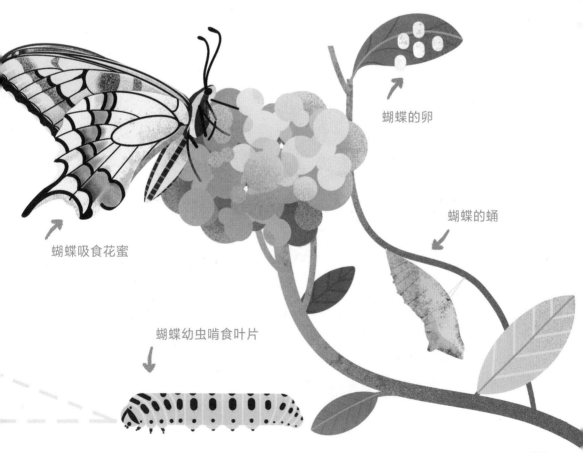

蝴蝶的卵

蝴蝶的蛹

蝴蝶吸食花蜜

蝴蝶幼虫啃食叶片

比完全变态更复杂的变态发育

有一些昆虫的变态发育过程比上面讲的那些还复杂，不仅幼虫和成虫不一样，就连不同时期的幼虫，样子也天差地别。

这样的现象往往与它们特殊的生活方式有关，比如一类叫"斑芫菁"的甲虫。它们的幼虫以埋在土中的蝗虫卵为食。每年夏天，雌性斑芫菁将卵产在土中，不久后孵化出的一龄幼虫将钻出土表，四下搜寻蝗虫卵的踪迹。一龄幼虫身材瘦小，六足修长，有点类似瓢虫幼虫，这方便它们快速地**移动和搜索**。一旦察觉到蝗虫卵的存在，它们就会再次钻进土中，来到这一堆蝗虫卵的中间，随即开始不愁吃喝的生活。

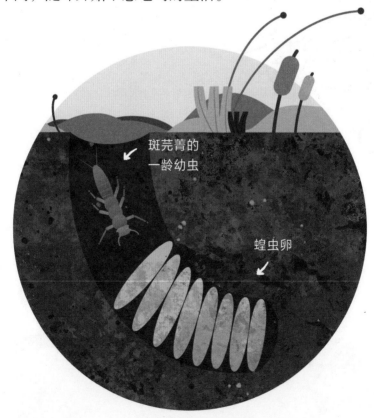

斑芫菁的
一龄幼虫

蝗虫卵

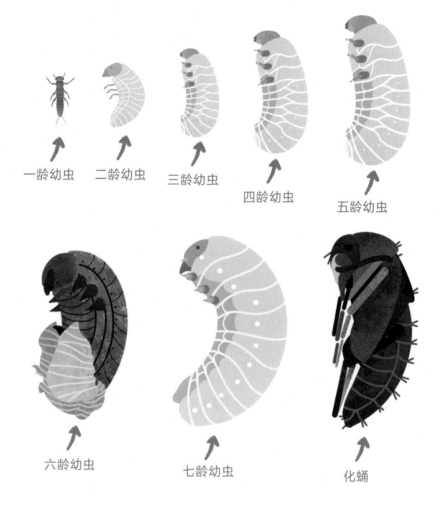

一龄幼虫 二龄幼虫 三龄幼虫 四龄幼虫 五龄幼虫

六龄幼虫 七龄幼虫 化蛹

斑芫菁属 (*Mylabris*)

芫菁又称斑蝥，受到威胁时，它们能够主动将血液从足部关节挤出来，里面含有斑蝥素，有毒，会使人的皮肤起水泡。《从百草园到三味书屋》中的"斑蝥"，本意是指这类昆虫。斑芫菁是其中最具代表性的，这个属包含上百个物种。

芫菁科物种多样，以斑芫菁为代表的一些成员，幼虫以蝗虫卵为食；以地胆芫菁为代表的另一些成员，幼虫则以独居蜜蜂的花粉储备和幼虫为食。

找到了稳定的食物来源之后，斑芫菁幼虫一改过去的勤奋和敏捷，变成了**好吃懒做**的大肥虫。经过第一次蜕皮，成了二龄幼虫，它的身材明显发福，后背微微弓起，六足却没有一点增长，已经不适合奔走。此时的幼虫躺在不限量的自助大餐中，丝毫不用为寻找食物费力。之后，三龄、四龄、五龄的斑芫菁幼虫越长越肥，足却越来越短，白白胖胖的。

　　这种无忧无虑的日子真是太好了，夏天和秋天已经过去，冬天悄然而至了。五龄幼虫又蜕了一次皮，成为六龄幼虫。这一次，它将蜕掉的皮保留起来，松垮地围在腹部四周，自身则颜色变黑，缩成一团，显得比五龄还小，进入了不吃不动的**休眠状态**。这是斑芫菁幼虫对抗冬天的办法，直到冬天结束，这个状态才会解除。

　　第二年春天，斑芫菁幼虫悠悠转醒，蜕皮，成为七龄幼虫。七龄幼虫恢复了五龄时的外貌，重新开始活动，这一次不再只是进食，而是**向上掘进**，来到土的浅层，在这里化蛹。之后不久，成虫羽化，破土而出，斑芫菁重见天日，开始在野花丰茂的高草丛中觅食、求偶，准备开启下一个生命轮回。

羽化后的
斑芫菁

第 5 章
求偶的战争

对于动物来说，仅仅活下来是不够的，还有很重要的一件事就是**繁衍后代**。在选择配偶的过程中，雌性对雄性的挑选通常更为苛刻，为了让更多的雌性青睐自己，雄性无所不用其极：庞大笨重的武器、华而不实的羽毛、别无它用的大嗓门……所有这些都只**与追求配偶**有关，甚至会成为生存的**累赘**。但面对雌性动物挑剔的眼光，雄性别无办法，因为**选择权**掌握在对方手中。在生物学中，这种选择叫作"**性选择**"。雄性动物千奇百怪的外形、滑稽可笑的行为，都与这种选择有关。

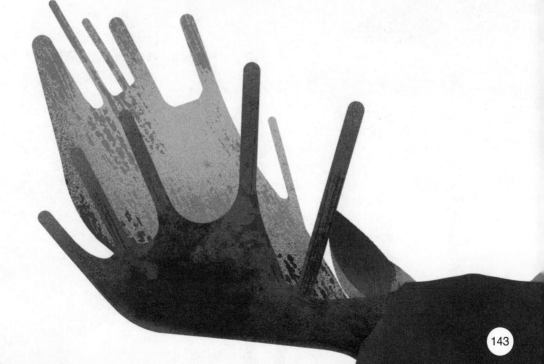

为爱歌唱

"蹦蹦跳跳","细长的'触须'",螳螂"总想把我吃掉","使劲叫哇叫"——在《我是一只小虫子》里,"我"到底是一只什么虫子?相信很多读者已经通过课本上的插图认出来了,是一只蟋蟀!

蟋蟀可能是我们在生活中最容易遇到的昆虫之一了,很多人喜欢养蟋蟀来作为**宠物**,因为它们的叫声清脆悦耳,使人愉快。蟋蟀发出悦耳的鸣叫并不是想表达自己快乐的心情,取悦人类,而是为了繁衍后代,那是雄性蟋蟀用来呼唤雌性的一首情歌。

我喜欢当一只小虫子。当我很快乐的时候,会使劲叫哇叫,所以,如果你在夜晚听见草地里的歌声——你就一定能找到我!

—— 部编版小学语文课本,二年级(下)
《我是一只小虫子》

声乐还是器乐?

严格来讲,蟋蟀不是在"叫"和"歌唱",而是在演奏自己的**独门乐器**。

仔细看一眼雄性蟋蟀,你就会发现它们的右侧前翅总是覆盖在左侧前翅之上,无一例外。如果把它们反过来,那蟋蟀可就没法叫了。蟋蟀右侧前翅的下表面有一排像梳子齿一样的结构,这

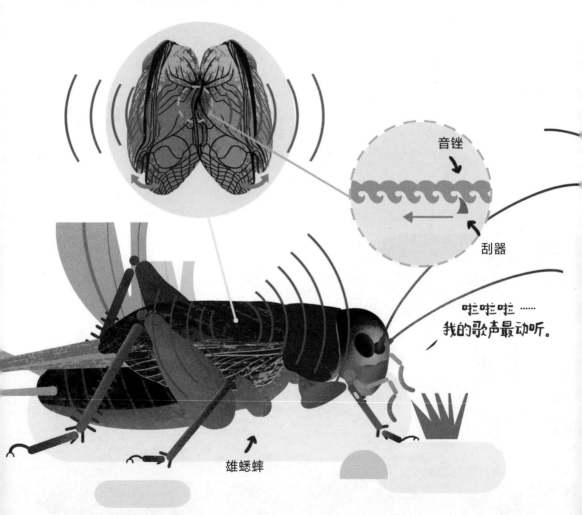

音锉

刮器

啦啦啦……
我的歌声最动听。

雄蟋蟀

叫作**音锉**；左侧前翅的上表面内侧边缘则隆起了一道棱，这叫作**刮器**。当蟋蟀抬起这两片翅膀，将它们叠在一起相互摩擦时，刮器就会一个个地拨动音锉上的音符，发出类似我们用手指捋梳子，或者划动扬琴时的那种悦耳的声响。

大多数蟋蟀喜欢**昼伏夜出**，这就是为什么它们需要用歌声来求偶。在漆黑的夜里，声音更容易被感受到。不过这种**高调**的求偶方式当然也会给蟋蟀招来危险。且不说别的天敌，就说你在夜里钻草窠抓蟋蟀的时候，是不是循着叫声找过去的？幸好蟋蟀还有后招。当它那对长在前足上的听器（是的，和螽斯一样），察觉到你踩在草丛上的沙沙声时，它就会骤然把声音调小，干扰人的**听声辨位**。你以为蟋蟀已经跑到 1 米以外了？其实，它可能就在你脚尖前面 20 厘米远的地方躲着呢。

我来啦！

雌蟋蟀

黄脸油葫芦（*Teleogryllus emma*）
黄眉毛，大圆头，几代人的童年玩伴。

安静的山歌会

　　当动物为求偶而发出声音时，它们多半不是在比谁的嗓门大，或者谁唱得好听。歌声的基本含义是：一，我在这儿；二，我是你的同类。雄性发出召唤后，雌性则将循声而至，完成双方的交配。为了更好地配合雄性的努力，有些动物的雌性也会做出"我在这儿"的回应——而且，是用一种更加隐秘低调的方式。

我来了！

这是
雌性

我在这儿！

这是雄性木虱

木虱是一类成群聚集在植物上，以植物汁液为食的微小昆虫，并且非常挑食。在全世界已知的大约 4000 种木虱中，大多数只会吃特定的一种植物，且终其一生都待在这种植物上面。不同的木虱喜欢不同的植物。当它们开始寻找配偶时，雄性木虱会用前翅刮擦自己胸部上面隆起的一道**棱**，发出一小段特定旋律的声音；而雌性木虱则用同样的方式予以回应，只不过她的旋律与雄性有所不同。通过这样"**山歌对唱**"的办法，雄性木虱和雌性木虱循着声音，就能慢慢找到彼此。

一棵树上可能有成千上万只木虱，这会不会特别吵闹？但事实上，你什么也听不到。与寻常的声音不同，木虱的歌声不经由空气传播，而是通过它们自己栖身的**植物枝叶**来传播的——有点像电影里的侠客们把耳朵贴在地上去听远处传来的马蹄声。因此，只有趴在同一株植物上的另一只木虱，才能接收到这种"加密信号"。这最大程度地保证了同一种木虱之间的高效沟通，不在非同类的身上浪费力气。偶尔也会有两种不同的木虱生活在同一株植物上，在这种情况下，这两种木虱的旋律差别会非常大，它们轻易就能分辨彼此。

就这样，木虱用**悄无声息**的方式，开了一场全世界最盛大的**山歌会**。

木虱总科 (Psylloidea)

我们熟悉的蚜虫的近亲，却远不如蚜虫有名。它们的生活方式与蚜虫差不多，但是擅长跳跃，比蚜虫更活跃一些。

池塘大合唱

　　山歌会讲究的是争奇斗艳，各显神通，追求个体的利益，而另一些动物在发出求偶的呼唤时，则显得更富有**集体主义**精神。

　　我们姑且把这种方式叫作"大合唱"吧，动物界最伟大的合唱家里，必然有蛙类的一席之地。蛙类的发声方式最接近真正的"唱"：大量空气快速地通过它们的喉部，发出声音，而这个声音又被下巴下面高高鼓起的**声囊**放大，形成了响亮的蛙鸣声。不同种类的蛙叫声各异，从清脆嘹亮，到雄浑低沉，再到怪异滑稽，不一而足。

声囊

我们很少会听到一只雄蛙孤寂而又害羞地唱唱停停，蛙类的音乐往往是以夏季雨夜的喧嚣**大合唱**的形式呈现的。一个大池塘里常常聚集着成千上万只蛙，其中的雄性在一起毫无顾忌地放声歌唱。人往往在几百米外就能听见它们的声音，并且准确地找到这个池塘的位置。

这正是雄蛙们想要的结果，震耳欲聋的大合唱向附近所有的雌蛙表明：要想找到心仪的"小伙子"，就到这场**相亲大会**来！而雌蛙自然也会纷至沓来，将池塘变成一片欢乐的海洋。通过大合唱所营造的群体效应，每一只参与其中的雄蛙实际上都得到了便利——用更少的时间，花更少的力气，就得到了更好的找到配偶的机会。此外，当所有的蛙都聚集在一起时，每一个个体被天敌捕捉到的可能性也都会变小，这大大降低了鸣叫这种高调的求偶方式带来的危险性。

雄性动物的装备竞赛

食草动物都没有锋利的爪牙，但很多头上有角。例如，非洲水牛的角像一顶厚实的头盔，雄山羊的角像两把匕首，扭角羚的角则像是开葡萄酒瓶塞的钻头。这些杀伤力巨大的武器令人印象深刻，但没有哪一种像鹿角一样，拥有形似树枝的华美外形，让人叹为观止。然而如此威猛的武器，既是雄鹿们争取繁殖权利的**资本**，也是它们不得不为之付出的**代价**……

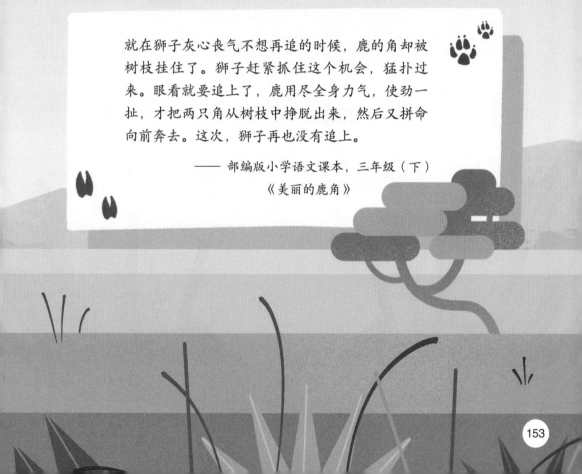

就在狮子灰心丧气不想再追的时候，鹿的角却被树枝挂住了。狮子赶紧抓住这个机会，猛扑过来。眼看就要追上了，鹿用尽全身力气，使劲一扯，才把两只角从树枝中挣脱出来，然后又拼命向前奔去。这次，狮子再也没有追上。

—— 部编版小学语文课本，三年级（下）
《美丽的鹿角》

两只雄性驼鹿
在打架

驼鹿 (*Alces alces*)

亚寒带森林中的庞然大物，中国东北也有。
鹿角在每年初春时脱落，之后重新生长，到
秋季的繁殖期开始时长成。

华丽的诅咒

　　鹿角一直受到人们的喜爱。鹿角形状的头饰和首饰随处可见，用仿真鹿头作为家居装饰也曾风靡一时。但对于鹿本身，有着很多分叉的鹿角却是它们进行繁殖大战的武器。雄鹿们通过搏斗的方式决定谁才能赢得交配的权利。在搏斗时，两只雄鹿会将角抵在一起，通过相互**推顶**来较量膂力，鹿角的分叉像人的十指交叉般牢牢交缠，不易滑脱，让决斗双方的浑身蛮力有处可以使。几分钟后，胜负分出，败者落荒而逃。而胜者则骄傲地炫耀着自己雄伟的大角。而且越华丽的鹿角，就越能向雌鹿表明，这头雄鹿强壮无比，它将成为你合格的配偶。

　　鹿角为雄鹿带来了繁衍后代的资本，但也给它们增添了很多生活上的**不便**。正如《美丽的鹿角》中提到的窘境，鹿角越大，分叉越多，就越容易被树枝挂住，让鹿动弹不得，这下可便宜了各种饥饿的食肉动物。驼鹿，世界上最大的鹿，拥有分叉繁多的庞大鹿角。它们在打斗时，经常发生尴尬的事情，双方的鹿角有时会卡死在一起，挣脱不开，最终只能大眼瞪着小眼，**双双饿死**。

← 雌鹿的
头部

→ 雄鹿的
头部

难得的"大丈夫"

与兽类相反，大多数昆虫都是雌性比雄性大，雌性需要一个大肚子来装卵，也需要一个更健壮的身躯来为卵供应营养。如果非要在昆虫找到雄性比雌性大的例子，"**摔跤手**"独角仙必定榜上有名，催生这种反常现象的，正是雄独角仙通过战斗来获得配偶的习性。

独角仙生活在森林里，钟爱的食物是树干破口中流出来的树汁、腐烂的野果之类的甜点。它们铁钩一样的爪子专为攀爬树干而生，却不适合在地面上行走。因此，树干就成了雄性独角仙们的领地。领地里的树汁，都是它的食物。哪只雌独角仙路过它的领地，就会成为它的配偶。如果发现另一只雄性独角仙，那必须让它滚出领地。于是，为了争夺领地，雄性独角仙们展开了一场

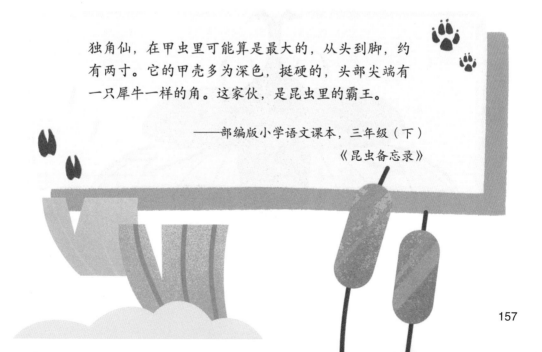

独角仙，在甲虫里可能算是最大的，从头到脚，约有两寸。它的甲壳多为深色，挺硬的，头部尖端有一只犀牛一样的角。这家伙，是昆虫里的霸王。

——部编版小学语文课本，三年级（下）

《昆虫备忘录》

场火花四溅的"**钢筋铁骨**"之战。

在小虫子们的世界里，每一场独角仙大战都如同火星撞地球。虽然有角，但它们的战斗方式可不是像鹿一样抵角。独角仙的头角和胸角形成了一个类似**啤酒开瓶器**的结构，在战斗时，双方都会低下头，试图将头角拱到对手的身体下面，几个回合下来，一旦得手，就把头一抬，将对手高高举起，且牢牢地卡在头角和胸角之间。接下来，优势方一个后仰，将对手摔出去，丢下树干。这种摔跤式的搏斗，胜负基本取决于谁**更大更强壮**。为了赢得比赛，雄性独角仙们必须拼命长大，乃至于打破昆虫的一般规律，超越了雌性的体形。

雄性独角仙之间的体形差异特别大。大的如汪曾祺先生所写，"约有两寸"，小孩子都不一定按得住它；而最小的则不满一寸长，角也很短，就算拼尽全力，也根本夹不住对手的硕大身

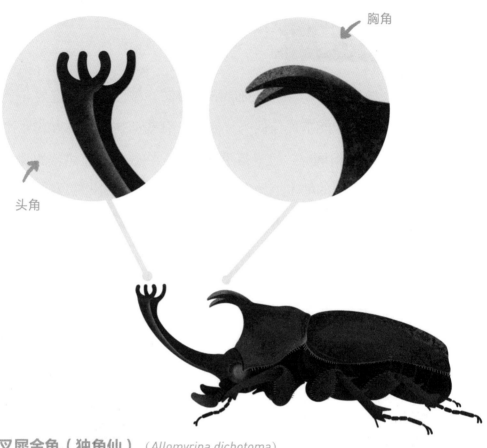

胸角

头角

双叉犀金龟（独角仙） *(Allomyrina dichotoma)*

中国东部的暖温带和亚热带森林里非常常见的一种
犀金龟，深受昆虫迷的喜爱。

躯，想来是逢战必败。怎样才能长得更大呢？诀窍只有一个：吃
得多。独角仙的幼虫生活在植物降解形成的腐殖土里，并且直接
以腐殖土为食。从孵化的那一刻开始，在整个幼虫时期，谁吃得
更多，长得更胖，在化蛹之前达到了更大的体重，将来就会成长
为一只个头更大、角更长的独角仙。这么说吧：小时多吃土，长
大更威武。

鹿靠"顶牛",独角仙靠"摔跤",雄性之间一定要斗个你死我活才能求得佳偶吗?非也。有些动物的较量方式就比较**文明**,但同时,也显得更加古怪。在热带和亚热带的森林里靠近水源的灌木上,有时会成群地出现一种相貌好似外星人的怪异昆虫——突眼蝇。它们的头向两侧延伸出了两根长长的柄,而复眼就长在长柄的末端。这些活泼好动的昆虫喜欢停在叶子正面,时常不安分地快走几步,或是用后足梳理一下翅膀,然后便轻快地飞到别的叶子上面。

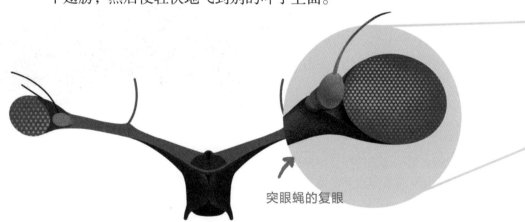

突眼蝇的复眼

雄性突眼蝇的眼柄比雌性的还要长得多!不用说,这肯定是专门用来**较量**争夺配偶的。在争夺配偶时,它们会挺起上半身,像两位拳手**对视**时一样,面对面,把脸贴得很近。这是在比较彼此的**眼柄长度**,谁长谁就赢了。比赛的结果是显而易见的,输家会自知不敌,识趣地走开。不过也有一些难分伯仲的较量,最终会以双方用眼柄互相击打来决定胜负。

　　除了争夺配偶，没有任何证据表明，超长的眼柄能对雄性突眼蝇的生存有什么实际好处——不会因为怪异而吓跑任何天敌，也不会让它看得更远、更清晰。这只能说明这只雄性突眼蝇拥有优良的**遗传基因**。有研究表明，在面对不利的生存环境时，很多雄性突眼蝇就不会再长出超长的眼柄了。而如果在缺少吃喝的环境中仍然能长出长眼柄，那就说明它的基因赋予了它超强的环境适应能力，自然也会获得雌性的青睐。

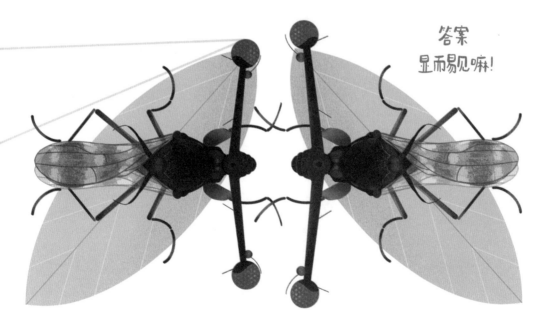

答案显而易见嘛!

突眼蝇科（Diopsidae）

它们只是千奇百怪的蝇类昆虫之一，
甚至不是唯一拥有长眼柄的蝇类。

动物的领地

在中国的古诗中，恐怕再也找不到一首像《小池》这样生动而美妙地描述了一个生物学现象的诗词了。蜻蜓落在池塘中刚冒出来的鲜嫩的荷花尖上，这看似平常的一个场景，背后却有着不寻常的故事。它是雄性动物占据领地的行为中最为常见的一个代表。

泉眼无声惜细流，树阴照水爱晴柔。
小荷才露尖尖角，早有蜻蜓立上头。

—— 部编版小学语文课本，一年级（下）
《小池》

水面上的守望者

　　雄性蜻蜓是会占据领地的动物，而众多的蜻蜓种类守护自己领地的方式大致有两种。一种是不辞辛劳地围着领地飞行，一圈一圈地在空中巡逻。另一种，就是像常见的红蜻蜓（正式名字叫"红蜻"）这样，落在从水面伸出的植物顶上。

　　水面是蜻蜓繁衍后代的场所，雌蜻蜓在这里和雄蜻蜓交配之

红蜻 (*Crocothemis servilia*)

最抓人眼球的蜻蜓种类之一，在整个中国东部都很常见。识别要点是翅膀基部呈现黄褐色。雄性红蜻随着性成熟会变得通体赤红，红得发紫；雌性则是金黄色的。

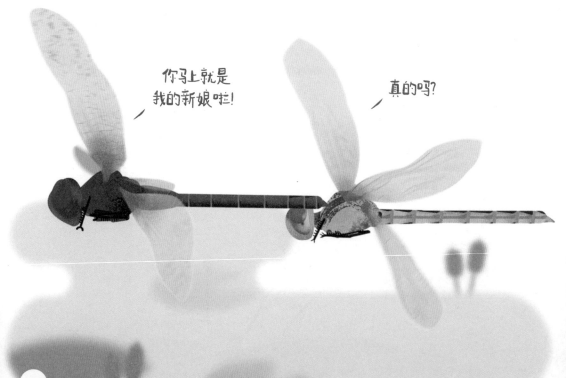

后，会直接在水里产卵。正因如此，雄性红蜻选择了水面上空作为自己的领地。站在像小荷尖尖角这样的一个**制高点**，雄性红蜻就像老虎站在山尖一般，居高临下地环视着自己的临时王国。巨大的复眼随时向它告知着领地里的来客：也许是一只苍蝇，它将立刻起飞，猛扑过去，将苍蝇变成自己的食物；也许是一只雌性红蜻，它会霸道地靠拢过去，

烈日下，
红蜻蜓撅着屁股
落在水面的植物上

尝试用**尾尖**夹住对方的"脖子"，让对方成为自己的新娘。还有可能是另一只雄性，这就意味着一场短暂的空中格斗。水边的地方有限，那些来晚了的雄蜻蜓，就只能去抢夺别人的领地了。

雄性红蜻像哨兵般守卫着自己的领地，这种辛苦的投入必然会让它付出代价——烈日的暴晒会让它过热或是缺水。为了应付阳光，它们会随时将自己的尾尖指向**太阳的方向**，这样身体被晒到的面积就总是最小的。这就是为什么我们看到红蜻蜓总是撅着屁股落在那里，正午的时候撅得最高。《西游记》里，唐僧念紧箍咒时，孙悟空疼得"**竖蜻蜓**"，说的就是这种姿势。

一股绕梁三月的尿味

雪豹是一种习惯于**独来独往**的动物。每一只雪豹的领地，小则有十几平方千米，大则上百，一眼望不到边。由于不常遇见同类，它守护领地的方式和蜻蜓不同，不用每天巡逻，而是给自己的领地画一条看不见的边界。

只见一只雪豹悠闲地踱到了自己的"边境线"上，找到自己熟悉的"界碑"——一块大石头，用后爪刨了两下地上的土，然后抬起了尾巴。"刺——"一股**尿液**剧烈地喷射在了石头上。这不是寻常的尿，它收放自如，不仅带有一般的尿骚味，而且有一种神秘的气味。根据科学家的研究，这种气味和**香茅草**的芳香来自同一种物质。

正是这股香茅草的气味，让另一只正在漫游的雪豹清楚地知道，自己来到了其他雪豹的领地。接下来的事情要看情况，如果主人和访客是同性，那么它们很可能爆发冲突；但如果双方是一雄一雌，而时间又正巧是繁殖季节，那么就很可能是一场浪漫的邂逅了。

雪豹（*Panthera uncia*）

群山之巅的美丽大猫，在祁连山脉、青藏高原、喜马拉雅山脉等地可以见到。它们生活的地方荒凉而寒冷、空旷而孤寂。

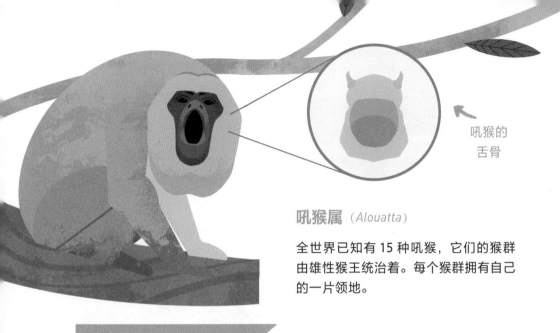

吼猴属（*Alouatta*）

全世界已知有 15 种吼猴，它们的猴群由雄性猴王统治着。每个猴群拥有自己的一片领地。

吼猴的舌骨

听得见的边界

　　划定自己的领地边界，可以有很多不同的方式。在中南美洲的茂密丛林中，世界上嗓门最大的动物吼猴，就用它们**雄浑嘹亮的吼声**管理着自己的领地。吼猴的大嗓门来自一块不起眼的骨头——**舌骨**。这块骨头人类也有，它是 U 形的，就长在我们的下巴和脖子的交界处。而在雄性吼猴身上，舌骨则发生了特殊的变化，它中间的部分剧烈扩大，形成了一个宽阔的**共鸣腔**，在雄吼猴发出叫声时，这个空腔就会将它的声音成倍放大，最远可以传到几千米以外。

　　每天的早晨和黄昏，山林中会此起彼伏地回荡起吼猴响亮的叫声。叫声的内涵很简单：这儿是我们家的地盘！通过听彼此的声音，不同的猴群就弄清楚了**相互的位置**，从而判断哪里是另一个猴群的领地。这样一来，它们便可以敬而远之，不会冒冒失失地闯进去。如果两群吼猴真的相遇，一场血腥的群殴就很难避免了。

雄性鸟类的大舞台

在自然界，一些雄性动物总是想方设法地展示自己的雄壮、美丽或者高超技艺，以此彰显自己的优秀基因，赢得雌性的芳心。这样的行为被称为求偶炫耀。

在大多数情况下，求偶炫耀发生在那些雌性长得平淡无奇，雄性反而美艳异常的动物中，鸟类是最典型的代表。雄性鸟类的表演花样繁多，数也数不过来，比如著名的雄孔雀开屏。雄孔雀将自己五彩斑斓的尾羽展开成一面扇子，平稳而有力地抖动着，扇子边缘的一排"眼睛"仿佛能看透观看者的灵魂。这些表演既富有艺术之美，也为雄鸟带来了沉重的负担，它会消耗大量体能，让雄鸟显著消瘦。外表华丽的雄鸟，也显然比朴素暗淡的雌鸟更容易吸引天敌的目光。

你拍二，我拍二，
孔雀锦鸡是伙伴。

—— 部编版小学语文课本，二年级（上）
《拍手歌》

黑嘴松鸡 (*Tetrao parvirostris*)

生活在北方高山林带的大型鸡类，中国东北地区有分布，是国家一级保护动物。

力量之舞

　　黑嘴松鸡的雌雄差异也很明显。雄性的羽色是黑褐色的，头和脖子有一层青紫色的光泽，胸部则闪烁着绿色的炫光，肩和翅膀上有大块的白斑，尾羽很长。而雌性的羽毛则大多是棕色，上面缀满了白色和黑色的斑点，偶尔有一抹蓝色。

　　每年到了繁殖季，雄性黑嘴松鸡就会聚集在特定的一片区域——**求偶场**。在这里，它们争奇斗艳，展示着羽毛、舞姿与歌声。羽毛的光泽在阳光下愈发鲜艳，变幻而闪耀——海蓝色、墨绿色，有时甚至带点幽微的紫色光彩……鲜红色的肉冠和下颌，彰显着雄性的**阳刚之美**。有力的步伐伴随着"梆梆梆"的歌声，透露出威严与雄壮。

　　就这样，雄性在求偶场中炫耀着、较量着，时不时还会发生几场激烈的搏斗。雌性则在树上远远地观望，等待"胜利者"的出现。在竞争中获胜的雄鸟会来到求偶场的中心，并获得与好几只雌鸟交配的机会；而失败者就只能退居求偶场的边缘地带，暗自神伤了。

水上芭蕾

　　那些雄性没有雌性漂亮的鸟常常会通过高难度的舞姿吸引雌性。有一种常见的水鸟叫凤头䴙䴘。它的求偶舞蹈是一对一的。雄鸟会在水面上，对着自己想要追求的那只雌鸟，不断地甩头、点头，还时不时地扭回头，撩一下自己翅膀上的羽毛。雌性鸟也会配合着做出同样的动作，再进一步考察它的表现。

　　彼此中意时，它们会共同把这场华丽的双人舞推向高潮——头颈贴着水面游向对方，游近之后再一齐挺直身子，齐头并进地在水面上奔跑，一直奔向爱的远方。如果它们的舞蹈在中途某一个环节停止了，那也就意味着双方并没有互相中意，它们会就此分手，再去寻找新的"意中人"。

凤头䴙䴘（*Podiceps cristatus*）

一种常见的游禽，和普通的鸭子差不多大。这种鸟类在陆地上几乎无法行走，在水面上却可以做出各种高难度动作。它们擅长潜水和"凌波微步"。

才情动人心

　　除了展示自身的优美，园丁鸟们还会通过修建**凉亭**和装饰**炫耀场**的方式来招引雌性，这也是它们特有的求偶方式。最常见也最简单的凉亭类型，是由平行排列着的草或小树枝所插成的两堵篱笆墙，其间是一条林荫道，在林荫道的一端便是园丁鸟的炫耀场。另一种形式的凉亭是以一棵幼树为中心，由小树枝或草棍搭成的"茅舍"，炫耀场位于茅舍的前方。

　　园丁鸟会对炫耀场进行**精心的修饰**。装饰物包括各种颜色的鲜花、野果、蘑菇、羽毛、蜗牛壳、小石块、玻璃球、罐头盒、子弹壳等。凉亭和经过装饰的炫耀场，可以帮它们弥补自身羽色对雌鸟吸引力的不足。在各种园丁鸟中，越是雄鸟羽色不够华丽的种类，它们的凉亭就修建得越漂亮，炫耀场也装饰得越华丽。

园丁鸟科（Ptilonorhynchidae）

新几内亚岛和澳大利亚等地的特有鸟类。已知的园丁鸟有 27 种，其中 17 种都会为求偶而搭建炫耀场。

后记

深蓝的天空中挂着一轮金黄的圆月，下面是海边的沙地，都种着一望无际的碧绿的西瓜，其间有一个十一二岁的少年，项带银圈，手捏一柄钢叉，向一匹猹尽力的刺去，那猹却将身一扭，反从他的胯下逃走了。

《少年闰土》中的"猹"，极有可能是亚洲狗獾。这是一种常见而又平凡的小动物，但是平凡当中，又充满了伟大。

我们在白天很难见到亚洲狗獾，因为这个时间段它们通常躲在自己舒适的地下宫殿里。凭借锋利而又坚硬的爪子，亚洲狗獾挖掘出了庞大且复杂的地下巢穴：在地下一两米处，多个不同功能的巢室由一条条通道连接，通道总长度可达几十米，地面留有好几个洞口，方便它们灵活地进出和躲避。此外，獾子们还会采集干草和苔藓铺在巢室里，干干爽爽、舒舒服服。

夜幕降临后，亚洲狗獾开始出巢觅食。它们跑得不快，一般不去追别的动物，但是它们不挑食，捡到什么就吃什么。亚洲狗獾的眼睛和猫相似，视网膜后有一层能反光的"照膜"，这提升了它们的夜间视力；此外，它们还有极其灵敏的嗅觉——凭借这些"夜行装备"，亚洲狗獾勤劳地搜索着食物：草丛中发呆的青蛙、巢里掉出来的小鸟、从土里挖出来的蚯蚓和金龟子幼虫，还有掉在地上的植物果实等。一片熟透的瓜田当然是求之不得的，它们就是在那里遇上了少年闰土，经历了一场猹与叉的斗智斗勇。

每年一月至三月的繁殖季节，雄性们会通过激烈的搏斗来守护领地，以此来赢得雌性的青睐。亚洲狗獾具有一定的社会性，亲族共同在一个区域内筑巢，经常互相帮助。幼崽降生后，这种社群的作用就更明显了，除了母亲以外，其他雌性也会来帮忙照顾小獾。相较于亚洲狗獾在野外15年左右的寿命，它们的幼崽四五个月才彻底断奶，算是成长得比较慢了。在幼崽彻底长大之前，悉心的照顾和保护是必要的。

亚洲狗獾的生活，看似普普通通，但又十分成功。这也代表着众多动物的生活：遮风挡雨、保持温暖、躲避天敌、获取食物、赢得配偶、养育后代……在演化规律的推动下，每一项挑战都催生出了无数奇妙的解决方案。动物的生活就是与大自然之间永恒的博弈，在任何一个时代，它们当中总是不乏赢家。

本书的出版经历了十分艰辛的创作和编审过程。感谢各位文字作者的潜心创作。感谢独见工作室美观且准确的插画，以及不厌其烦的反复修改。中信出版集团的鲍芳、明立庆、杨立朋老师在策划和编审环节提供了大量专业建议，为全书的体例和语言确立了标准。三蝶纪老师对稿件进行了细致认真的科学审稿，斧正了我们的很多错误。很多其他朋友也参与了意见或提供了知识，在此一并感谢。

执行主编　罗心宇